시로 읽는 과학세상

시로 읽는 과학세상

초판 1쇄 인쇄일 2011년 4월 5일
초판 1쇄 발행일 2011년 4월 7일

지은이 한영성
펴낸곳 (주)도서출판 예문   펴낸이 이주현
주간 이영기   편집 김유진 · 윤서진   디자인 배윤희   마케팅 채영진   관리 윤영조 · 문혜경
등록번호 제307-2009-48호   등록일 1995년 3월 2일   전화 02.765.2306   팩스 02.765.9306
주소 서울시 성북구 성북동 115-24 보문빌딩 2층   홈페이지 http://www.yemun.co.kr
ⓒ 2011 한영성

ISBN 978-89-5659-171-1 (03400)

Life line between Cosmos & me!

시로 읽는 과학세상

어떻게 살아가야 할 것인가,
그 답을 우주에서 엿볼 수 있기를…

| 한영성 지음 |

별 하나 나 하나…

엄마별 아기별 큰곰 작은곰 은하수…

밤하늘에 반짝이는 많고 많은 저 별들,

그 하늘을 올려다 본 게 언제였던가?

세계에서 가장 잘사는 나라 미국!

그 나라 의료병동의 절반을 정신질환자들이 차지하고 있다.

산 좋고 물 맑은 나라 스위스!

그 수려한 계곡에 느는 것이 정신앓이 병동이다.

우리나라라고 크게 다를까?

"어머니 마음 편히 사세요!" 고3, 명문학교의 잘 나가던 학생회장이 생을 마

감하며 어머니에게 남긴 글이다.

1등 국가가 됐다! 우리나라가…

경제협력개발기구(OECD) 회원국들과의 자살률 경쟁에서.

통신이 발달하고 교통도 편리해지니 이제는 보고 싶을 때면 언제든 볼 수

있고 정을 나눌 수 있는 그런 세상이다. 쇠고기국에 이밥이면 행복했던 것도 머~나먼~ 옛날 애기가 되고야 말았으니…

그런데 왜? 날이 갈수록 외로워지고 사는 것이 점점 팍팍해지는 것인가!

왜 사는지도 모르겠고, 그냥 죽고 싶단다.

날로 늘어가는 우울증 증후군들… 그들의 메마른 가슴을 촉촉이 적셔줄, 그래서 삶에 활력과 생명력을 불러일으키게 할 수는 없는 것일까?

그럴 수만 있다면, 그렇게만 된다면…

'소비가 미덕이고 소비자는 왕이다.' '아이 배불러' '배가 터질 것만 같아' 먹다 버린 음식쓰레기가 연간 10조 원? 번쩍번쩍~ 꽈당탕탕… 천지진동, 날벼락이다.

하늘이 대노했나!

우주의 에너지는 일정하다. 엔트로피는 증가만 있는 일방통행이다.

비만과 스트레스가 존재하지 않았다면 오늘의 나는 존재할 수 없었을 것이다.

'소라의 집에 우주가 새겨져 있습니다.' '인간은 소우주입니다.'

별 하나 나 하나, 우주를 알고 나를 알고, 우주 사랑을 안으면 나를 안을 수도 있지 않을까?

이 우주에 단 하나밖에 없는 나! 그것만으로도 귀하고 눈물나도록 소중한 나!

그렇게 힘들어하면서 오늘을 살고 있는 또 하나의 나!

어떻게 살까? 어떻게 살아가야 하나? 그 답을 우주에서 엿볼 수 있기를…

이것이 이 책을 쓰게 된 동기다. (Life line between Cosmos & me!)

우주를 만들 때 창조주는 어떤 디자인 감각으로 만들었을까?

노벨 물리학상을 수상한 파울리(W. Pauli) 교수는 스스로 묻고 답한다.

"질문은 많은데…, 답은 없다!(Viele Fragen…, Keine antworten!)"

그렇긴 해도 좁히고 좁혀서 우주라는 거울에 나를 비쳐볼 수는 있지 않을까?

인간은 우주의 재료로 만들어졌다. 우주에서 보내 온 음식을 먹고, 옷을 입고, 집에서 잠을 잔다. 그렇게 우주의 품 안에서 울고 웃다가, 일하고 놀다가 생을 마치면 다시 우주로 고스란히 되돌려진다.

꽃, 그리고 여인의 아리따운 얼굴, 늘 보면서도 다시 보고 싶고 멋있고 예쁘단다.

"왜 아름다운데?" "아름다우니까 아름다운 것 아냐!"

"왜 아름답다고 느끼는데?" "음, 그것이… ?"

호기심에 가득 찬 눈망울만 굴린다.

왜 아름다움인가? 어찌하여 그것이 고소하고 꿀맛일까?

인간을 소우주라고 했던가. 우주와 인간의 원소 구성비가 같다.

생을 마감하면 다시 우주로 되돌려진다. 그리고 다시 태어나고 되돌려지고… 순천(順天)해야 하고 감천(感天)해야 할 당위다.

'세상의 이치를 앞뒤가 맞게 설명하는 것' 이것이 과학이다.

그러기에 더욱 바라는 것은… 우주 창조의 큰 뜻을 읽어낼 수만 있다면…

비록 극히 제한된 부분일지라도 그렇게만 된다면…

누가 알랴!

우리의 삶이, 갈 길이, 인생이 보일런지!

한 영 성

CONTENTS ────────

01

아름다움(美)의
고향을 찾아서

詩想
001

왜 아름다운가?
그것이

고사리 손과 엄마약손

:

젖먹이의 고운 고사리 손, 엄마 약손이 감싼다.

아가의 손가락도… 엄마의 손가락도…

하나같이 다섯이다. 왜 5일까?

묵화 치고 글을 짓던 황진이의 고운 손

울며 소맷귀 부여잡는 낙랑공주의 섬섬옥수

다섯 손가락이다. 왜 5일까?

모른다. 알 것 같기도 한데… 아니다.

묻고 또 묻고, 찾고 또 찾았으나…

어디에도 답이 없다.

우리 몸의 축소판이기도 한 부지런한 손, 고마운 손이다.

손이 없었다면 오늘날 인류 문명이 가능했을까?

손오공 인간들이 깨춤 추는 재주마당이 부처님의 손바닥이라 했던가!

빈손으로 왔다 빈손으로 간단다. 그래도 손에 손잡고, 따뜻한 손이다.

우리 몸 어느 부분보다도 손에는 뼈들의 수가 많다.

손가락(엄지~약지):　　　5개

중수골(손바닥 뼈):　　　5개

수근골(손목 뼈):　　　　8개

중수골+수근골:　　　　13개

지골+중수골+요골+적골: 21개

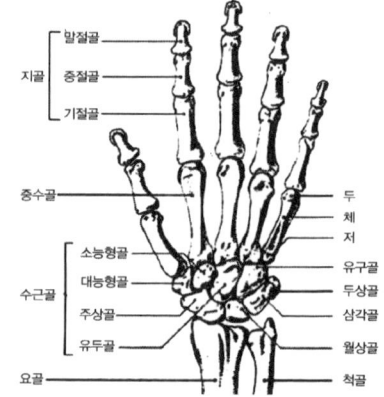

오늘따라 손 보기다.

미운 놈 손 보기도, 손금도 아니다.

너 나 흑인 백인 할 것 없이

온 세상 사람은 누구나 모두다

그 손가락이 다섯이다.

우연일까? 어찌하다 보니 그렇게 되었을까?

수근골(손목)은 그 좁은 공관에 8뼈가 빼곡하고

보고 또 보아도 5 8 13 21, 그런 수(數)를 하고 있다.

왜 그럴까?

그것이 알고파라…

코스모스, 우주의 꽃인가

:

파란 하늘 오솔길, 하늘하늘

분홍, 하양, 붉은 코스모스가 반긴다.

소녀는 가는 걸음을 멈춘다.

'소녀의 순정' 꽃말따라 두 뺨이

곱게 물든다.

우주인가, 꽃인가, 코스모스(Cosmos).

그 꽃잎이 여덟이다. 왜 8일까?

문헌을 찾아보고, 인터넷을 헤매고, 물어도 봤

지만…

아직도 답을 모른다. 영영 알길 없단 말인가?

영변약산, 바위고개, 진달래꽃, 한 잎 따다 입에 물고, 또 한 잎 따다…

꽃물을 머금었기에 그렇게도 예쁜가! 그 입술이.

두견화, 그 꽃잎이 다섯이다. 왜 5일까?

복사꽃 능금꽃 피는 내 고향

앵두꽃 살구꽃 패랭이꽃… 피고 지고 또 피는 무궁화

흐드러지게 한 그루 가득히 꽃 총총, 벚꽃.

하나같이 다섯 꽃잎이다. 또 한 번 왜지?다.

여섯 일곱 꽃잎은 어데 어데 숨었나? 보이질 않는다.

뜸 두어 참제비고깔이 반기며 다가선다.

여덟 꽃잎이다. 왜 건너뛰는 거지?

이어 금잔화 데이지 질경이 쑥부쟁이가

꽃잎 번호 13 21 34 55…를 달고 나와

'나 보란다.'

꽃이 왜 아름다운지를 몰라 허기진 나를 두고 또한 고픔에 들게 하는가!

대자연이, 이 우주가

꽃잎 데리고 수 놀이를 즐겨 하고 있는 것이다.

모를 일이다. 왜 그런지?

왜 그런지를!

양귀비, 신의 선물인가 죽음의 사자인가

⋮

옥같이 흰 얼굴에 눈물이 그렁그렁
배꽃 한 송이가 봄비에 젖었는 듯 〈白居易〉
(玉容寂寞淚欄干, 梨花一枝春帶雨)

아리땁고 젊은 한 여인의 한과 눈물 정경을
어쩌면 저리도 곱게 잘 그려낼 수 있을까!
클레오파트라와 쌍벽인가, 동양의 아름다움 양귀비(楊貴妃).
중국 당나라 현종의 아리따운 연인이자
화사절정 아름다운 꽃 이름.
붉디붉은 양귀비꽃, 목이 길어 슬픈 건가
'다가서면 관능이고 물러서면 슬픔이다.'
어느 시인의 황홀경인지 장탄식인지 알 길 없다.

빼어난 미모와 총명함, 뛰어난 가무로
열여덟에 현종의 제18왕자, 수왕(壽王)의 비가 된 옥환(玉環).

아름다움이 죄인가, 타고난 숙명이었던가!

절대권력 시아비의 품으로 옮겨와

절대호사로, 권세로 일세를 풍미하다

38세의 나이에 목을 매인다. 천륜의 천벌인가, 8자 소관인가!

양귀비 열매, 그 설익은 씨방 껍질에 상처를 내어보니,

끈끈한 액체가 흘러나온다. 우유 빛이다.

차차 굳어지면서 흑갈색으로 변한다.

아편! 아픔인가 아련함인가?

자연산 진통제다. 그것도 천하제일의 특효약이다.

말기 암 환자, 전쟁터의 치명적 부상자…

본인, 그리고 이를 지켜보고 있는 사람들…

이 생지옥을 어찌하면 좋단 말인가?

단 한 순간이라도 벗어나고 싶단다.

그럴 수만 있다면, 그런 다음 죽어도 한이 없겠단다.

이 절대극명 극한통증의 상황, 그렇다. 단 한방에 천하가 싸악 바뀐다.

지옥에서 천당, 극락의 세계로다. 신이 준 선물(?)인가.

모르핀, 마약이다. 금단의 저승사자다.

한번 말려들면 개인도 국가도 파멸, 끝내 종착역 죽음 뿐이다.

아편 꽃이라! 그래서 당 현종이 넋을 잃었고

역발산의 안록산이 난리를 불러 일으켰으며

당대의 시성 백낙천이 장한가를, 영국과 청나라는 아편전쟁까지 치른 것일까!

햇살 양지바른 언덕에 하늘하늘 춤추는 한 떨기 꽃
가는 허리, 부드러움, 야들야들,
향내 그윽한 꽃술에 파닥거리는 노랑나비 한 마리
저도 모르게 향기에, 달콤함에
별천지의 한 순인가, 환희의 절규 뿐
이 밤이 새지 않았으면, 영원이었으면…
생 금빛이 초록으로 바뀌는가 했더니
어느 덧 회색 연기가 죽음의 그림자를 길게 드리운다.
일장춘몽이었던가!

표현력이 턱없이 모자라 멀리 돌고 돌아 왔다.
식물, 특히 속씨식물은 꽃을 피우고 열매를 맺
는다.

꽃 한가운데 자리한 씨방이 씨를 품는다.
많은 수술에 둘러싸여 있는 아편 꽃의 씨방.
연노랑이다.
볼록 볼록 돋아 있는 것이 어디보자… 맞다. 분명 열셋이다.
왜 13일까?
하늘은 알까? 우주는 알고 있을까?
이것이 또 알고파라.

자연은 신이 쓴 수학책

⋮

촉촉이 대지를 적시는 봄비, 살랑이는 바람결, 낭랑한 새소리…

연초록의 새싹들이 소록소록 돋아난다.

소녀의 새끼손가락을 발갛게 물들였던 봉숭아, 내일 종말이 오더라도 심겠

다던 사과나무, 이런 풀, 저런 나무들이 땅을 딛고 하늘로 오른다.

줄기가 서고, 가지가 뻗어나고, 잎들이 돋아난다.

어떤 법도가 있는 걸까? 아니면 제멋대로일까?

나무의 가지치기 장면을 살펴보니 한 가지에서 새로운 가지가 나온다.

새 가지 하나가 분지되는 동안 원 가지는 그대로 있다.

또 한 가지가 나오고 먼저 두 가지는 불변이다.

1, 2, 3, 5, 8, 13, … 다음은 뭘까?

잎이 생겨나는 모습을 보아하니 또한 멋지다.
첫 잎이 돋아나고 각도를 틀어 두 번째 잎이 나
고, 거기서 다시 일정 각도를 지나 또 한 잎이
자리잡는다.
같은 줄기에서 잎의 배치가 위치만 달라진다.

이번에는 식물이 자라는 생장점을 들여다본다.

원시세포들이 어떤 나선을 따라 같은 각도로 성장하는데

그 각을 살펴보니 137.5도다. 360×34/55=222.5, 360−222.5=137.5.

이런 특정한 각을 이루며 새로운 잎이나 가지를 내는 까닭은 무엇일까?

공평의 나눔이자 자연의 사랑일까?

아래 가지와 잎사귀에 햇빛이 골고루 가게 하려는 우주의 배려일까?

한 쌍의 토끼가 매달 한 쌍의 새끼를 낳는다.

새로운 쌍들도 태어난 지 두 번째 달부터 매달 한 쌍의 새끼들을 낳는다면?

그렇다면, 5년 후 토끼는 몇 쌍으로 불어날까?

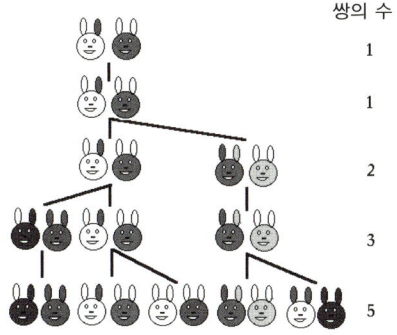

1) 1로 시작한다.

2) 처음에 똑같은 두 수가 반복된다.

3) 연속하는 두 수의 합이 다음에 나
   타난다.

4) 수들이 홀수, 홀수, 짝수 순으로
   이루어져 있다.

1, 1, 2, 3, 5, 8, 13, 21, 34…

영화 〈다빈치코드〉의 암호풀이인가?

아하, 피보나치의 본명이 혹시 레오나르도 다빈치?

꿀벌의 족보를 살펴보니…

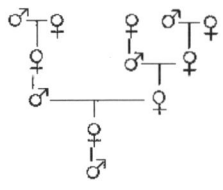

수컷은 어머니만 있고 아버지가 없다.

어째 그런 일이… 그럴 리가 없다고?

내기를 걸어도 좋다. 어떤 조건도 환영한다.

홀어머니에 할아버지 할머니, 증조 홀 할머니에, 증고조외할아버지 증고조외

할머니 일 일 이 삼 오(1 1 2 3 5)로 올라간다.

6대째는 보나마나 여덟 팔자, 분명하다.

무질서 속에 숨겨져 있는 질서, 카오스(Chaos)

영원히 끝나지 않는 수의 비밀, 3.14159…, 파이(Phi)

신이 쓴 수학책, 인간은 읽고 싶어라!

"자연은 신이 쓴 수학 책이다" 〈갈릴레오〉

유네스코 세계문화유산, 국보 제24호 석굴암.

그님 눈길 아래 직선상에 수중 무열왕릉 멀리 동해를 굽어본다.

부처님상과 그 좌대의 높이, 양 기둥의 길이 각각의 비율이 약 55:31, 47:29

안정, 균형, 그리고 우아함 그대로다.

세계 7대 불가사의 중 으뜸인 이집트의 피라미드.

2톤이 넘는 돌 230만 개로 지어졌는데 수천 년의 세월을 이고서도 오늘도 고고하다. 어떤 설계도도 남겨진 것이 없으니 궁리 끝에 현장실측에 나서본다.

기자(Giza)의 대 피라미드, 사각뿔 모양새다.
꼭지점에서 수직 아래로 잰 높이와 한 밑변,
그 길이가 각각 146.6, 230.4m다. 그 비를 보
니, 146.6/230.4≒■.■■■, 역시 그렇구나!

유네스코 세계문화유산 1호, 그리스 아
테네의 파르테논 신전.
2,500년 전에 이런 "아름다움"이 만들어
질 수 있었다니!
참으로 놀랍다. 정면 기둥이 몇 개인가?

옛날 건물만 그런가? 아니다.
뉴욕에 자리한 UN 본부 건물도 그렇고 우리 국회의사당도 그렇다.
우리 주변에 많고도 많다. 그런데 말이다. 그리스 로마인들도 익히 알고 있
었고, 피보나치가 800여 년 전에 수치로서 밝혀두었는데도 오늘의 내가 놀
라워하고 있으니, 감탄인지 멍텅탄인지?
아름다움이 왜 내게 아름답게 다가설까?
아름다움은 아름다움 쪽으로만 지향한다.
원시 인간, 원시 식물 동물과 오늘날의 모습과 비교해보라.
예쁘다. 불변이다. 앞으로도 영원히 지향할 것이다.
신이 내린 축복, 그것이 알고 싶다.
자연의 신비이자 비밀인가! 답답이는 오늘도 답답하다.

詩想
002

점에서 영원으로,
극대에서 극소로

· · ·

하나가 전체, 전체가 하나

:

꽃인가, 소라인가
참으로 신비하고도 아름답다.
하나가 전체이고 전체가 하나이다.
작은 송이 하나하나를 더해 가면
전체 큰 송이가 되고
전체를 축소해 가면 작은 한 송이로 된다.
한 점을 향해 끝없이 오므려 들고 또 한 점을 향해 영원으로 뻗어간다.

'고사리 대사리 끊자. 나무 대사리 끊자.
유자 꽁꽁 재미나 넘자. 아장장장 벌이여.'
고사리, 볼수록 유정(有情)이다.
하나가 또 하나, 또 하나가 또 또 하나
한 점과 무한대가 공존하는 세계다.

'이 게 이 게 정말, 이 게 정말…
소라 껍데기를 놓고 게들이 싸우고 있네.'
바다의 소라, 텃밭의 양상추, 어떤가?
그 얼룩송아지에 그 엄마소다. 같은 조각가의 작품
인가?

높은 산 푸른 솔, 팽글팽글 돌면서 떨어지는 솔씨.
떠나온 집, 솔방울에 새겨진 조각. 어느 누구의 작품
인지 낙관이 없다.

어디보자. 엉겅퀴, 파인애플에도 같은 모양새다.
선인장이 머리에 우주고깔을 이고 있고
산양의 뿔, 회오리바람, 물의 소용돌이가,
토네이도, 혜성의 꼬리… 목수일까 석공일까 도공일까…
아니, 모두 다 일까…
그렇다. 한 가지는 분명하다. 한 솜씨인 것이다.
어쩌면 여기에 '우주의 비밀' 그 신비를 풀어줄 열쇠가 있는지도 모른다.

소라, 태풍, 은하 그들은 형제인가

:

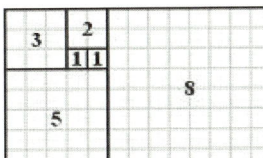

한 변이 1인 정사각형을 먼저 그린다.

그 오른쪽에 똑같은 크기의 정사각형을 그려 넣는다.

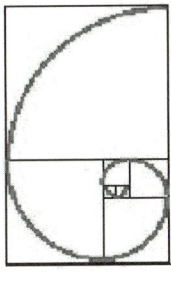

다음에 이 2개의 정사각형을 이은 면을 한 변으로 또 하나의 정사각형을 만든다. 이어 먼저와 나중을 한변으로 계속하여 정사각형을 그려나간다.

1+1=2, 1+2=3, 2+3=5, 3+5=8, 5+8=13…,

그랬더니 정사각형의 한변이 1 1 2 3 5 8 13 21 34 …, 로 계속 커져나간다.

이렇게 하여 1차 작업은 끝났다.

이어 붉은 색연필을 꺼내 든다.

처음에 그린 사각형 '1' 에서 출발하여 차례로 이어나가 본다.

이제 제 모습을 드러내기 시작한다.

어머 이럴 수가, 이렇게 멋질 수가!

익히 보아왔던, 영락없는 소라의 집이다.

세워진 그대로가 뉴욕 UN 본부 건물이고,
옆으로 누이면 그리스 파르테논 신전이다.

나는 내 귀를 그려놓은 줄 알고 좋아했는데
태풍은 자신의 얼굴이라고 뛰어 반기고
하늘에서 내려다보고 있던 은하도 싱글 벙글
단비 머금은 초록의 풀줄기를 타고 달팽이 두 마리는 사랑놀이 한창이다.
누가 새겼을까, 한눈에도 뚜렷한 태풍 뱅글… 은하 뱅글, 달팽이 뱅글!

한눈 올려다보면 보이려나.
안으로는 작은 점 하나로 끝없이 모여들고
밖으로는 극대를 향해 무한히 비상한다.
감탄으로 온몸이 떨려온다.
아름답다. 우주, 코스모스!

에너지 나눔의 사랑, 태풍

:

태풍, 싹슬이 바람이다.
중심 최대풍속 17m/s 이상으로
모든 것을 날려 버린다.
태풍, 이름 그대로 바람인데
예외 없이 비, 폭우를 동반한다.
태풍 · 폭우, 태풍우가 제대로 된 이름인 열대성 저기압이다.

적도에서 약간 떨어진 다도해, 폭염 햇살 아래 섬과 바다, 해진 후의 육지와
해수.
섬바람 바닷바람, 불어오고 불어간다.
충분한 열에너지(26℃)와 수분, 그리고 회전력이 갖춰지면 비로소 강강술래,
빙글빙글 돌아가니, 태풍이다. 무역풍대를 따라 동진하다 편서풍대에 들자마
자 한반도로 꺾여 올라온다.

우리나라는 태풍(Typhoon)

북미는 허리케인(Hurricane)

인도는 사이클론(Cyclone)

호주 윌리윌리(Willy Willy)

필리핀은 바구이오(Baguio)

멕시코 서해안은 꼬르도나자(Cordonaza)

그 이름도 그 사연도 참으로 다양하다.

적도 부근에서는 넘쳐나는 에너지

그러나 고위도 지방에서는 부족하기 그지없으니…

이 불공평을 그냥 보고만 있을 수 없어 태풍이 발생하는 것이다.

태풍, 그것은 에너지의 나눔인 것이다.

어마어마한 작업이라 초강력 엔진을 동원하다 보니

지나는 길에 한바탕 난리가 날 수밖에.

이웃사랑의 역군 태풍, 베일에 가려져 있던 그 얼굴이 드러났다.

어떤가? 허블 망원경에 잡힌 은하 그대로라고?

태풍과 은하가 한배에서 나온 쌍둥이인가?

모를 일이다.

소라의 꿈, 두고 온 은하

:

대자연, 이 천지만물을 창조하실 적에 어떤 설계지침으로 만들었을까?

어떻게 하늘나라로 갈 것인가? How to go to Heaven?

감당이 불감당이다. 어떻게 하늘이 운행되는 것일까? How the heavens go?

그래 그 길이다.

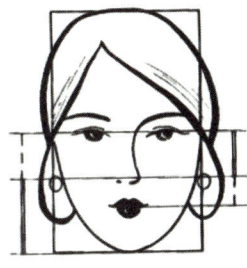

꽃! 그리고 여인의 아리따운 얼굴!

늘 보면서도 다시 보고 멋있고 예쁘단다.

왜 아름다운가 그것이?

아름다움이 뭘까…??

말을 잊고 그저 배시시 웃기만 한다.

호기스러운 눈망울을 한 채.

설악산 탕수계곡 열두선녀탕

나무꾼과 선녀의 사연 그곳이 여기로고

두고 온 하늘나라, 땅위엔 아련한 그리움이…

선녀는 꿈나라로, 우주로 달려간다.

직녀 언니, 오리온 오빠, 안드로메다 어머니를 향해.

이에 질세라, 소라도 간다. 밤마다 별나라 은하나라로.

꿈이 크면 클수록, 진하면 진할수록 끝내 그 꿈은 이루어

지는가?

아니면 꿈 자체로 승화되고 마는 것인가?

그래서인가, 소라의 집이 은하의 모양새다.

고동, 달팽이의 집도 고막 바지락 대합집도 같은 목수의

솜씨였나?

앵무조개는 어떠한가. 닮다 못해 이건 아예 작디작은 은하다.

이 무슨 조화인가.

더더욱 몰라라 다.

'푸른 하늘 은하수'를 노래한다.

백합 피리로, 소라 퉁소로.

詩想
003

5/8 나선의 세계

DNA에도 5/8 세계가 또렷하다

⋮

계란에는 노른자위와 흰자위가 있다.

그런데 어느 날인가, 그 알집을 깨고 병아리가 나온 것이다.

지금 마술을 보고 있는가?

어미 닭 품안인지 에디슨의 겨드랑인지 여하튼 약 3주간 품고 있기만 했다.

따로 무엇을 넣어 준 것도 없다. 분명히.

그런데도 노란 깃털에, 나를 빤히 쳐다 보는 또랑또랑 눈,

앙증맞은 부리에, 삐악 삐악 발성기도 달고 나왔다.

아니 이럴수가! 누가 이렇게 했는가?

DNA, 디옥시리보핵산(deoxyribonucleic acid)의 줄임이다.

생물의 설계도, 교육과 체험에 의하지 않고 부모로부터 자식에게로

전달되는 성질, 유전형질인 것이다.

DNA 분자는 당(sugar)과 인산(phosphate) 분자로

구성된 2개의 가닥이 연결되어 꼬인 사다리 모양을 하고 있다.

8자 모양으로 감긴 초나선구조(超螺旋構造)다.

이중나선을 구성하는 각각의 사슬에 늘어선 4

종류의 염기는

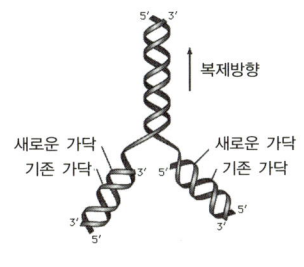

아데닌(A), 티민(T), 구아닌(G)과 시토신(C)이다.

서로 마주보고 있는 A–T, G–C 사이에서만 짝

짓기가 일어난다.

이들 염기의 배열 속에 그토록 신비한 유전자 암호가 숨겨져 있다니!

DNA 사슬에 등장하는 3 & 5라는 수

A T G C 4종의 염기 한 쌍의 합 8

핵산 단백질을 만드는 히스톤 알갱이 8

우연인가, 필연인가, 과연 어느 쪽일까?

무엇인가 있기는 있는데… 모를 일이다.

인간의 오감

:

아름다운 모양새, 마음을 즐겁게 하더니 고소한 것이 나를 끌어당기네.
신맛 꿀맛이 군침을 돌게 하고
졸졸졸 정겨운 계곡의 물소리, 그런가 했는데 나의 발 새를 부드럽게 간지
른다.

주변의 변화를 감지하는 능력이 감각이다.
우리 몸에는 어떤 기계도 흉내낼 수 없는 훌륭한 종합 감지기능이 있으니
시각, 청각, 미각, 후각, 촉각(視聽嗅味觸), 인간의 오감이다.

헬렌 켈러가 그처럼 보고 싶어 했던 빛과 색의 세계
천지만물은 저마다 특색이 있고도 다양하다.
언제였던가,
소나기 형제가 차례로 지나간 뒤 고향하늘에 곱게 드리웠던 쌍무지개
일곱 빛깔이다. 합치면 또 하나 색, 하얀색 빛이다.
일곱 가지의 물감 색, 이들을 모두 합하면 또 하나의 색, 검정이다.

빛이 그렇고 색 또한이다. 공히 8이다.

산새들의 지저귀는 소리는 언제 들어도 좋다.

딩둥 디둥둥 거문고 소리가 마음 깊숙이 울려오고

대숲을 스쳐지나가는 바람소리, 인경소리가 청아하다.

소리를 눈으로 볼 수는 없을까?

있다. 피아노 건반이다.

위로 검은 건 5, 아래로 흰 건 8, 그 합이 13~

딩동댕 한 옥타브다.

5 8 13 얼싸(Yippee)!

노래에 살고~ 사랑에 살고~

냠냠그 맛이 몇 가진가

:

보기 좋은 떡이 맛도 좋다! 맛은 감각적이요, 멋은 정서적이니,

우리 일상생활은 한마디로 맛과 멋이라고 할 수 있다.

향기 중에 으뜸은 꽃향기, 맛 하면 꿀맛이다.

우리 혀가 느낄 수 있는 맛에는 어떤 것이 있을까?

혀 전체는 짠맛과 감칠맛을 느끼고 가운데 부분은 단맛, 안쪽에서는 쓴맛,

혀 양쪽에서는 신맛이다.

달면 삼키고 쓰면 뱉는다.

단맛은 다른 맛과 다르게 맛의 농도에 관계없이 쾌적한 맛으로 남는다.

식물이 광합성으로 만든 바로 그 당이다.

먹이의 기본이자 전체이기도 한 당, 그것이 농축된 것이 엿이고 꿀이다.

집나간 며느리도 돌아오는 가을 전어의 맛~ 고소한 그 냄새, 그것은 지방.

생명의 필수요소인 지방이다.

신맛은 레몬주스 같이 물기를 모아 목마르지 않게 하고, 쓴맛은 심장을 진정시키면서 열을 내리고, 단맛은 소화기를 자극하고 영양이 되고, 짠맛은 소변이나 생식능력에 영향을 준다.

인간의 5감에 이어 청각의 한 옥타브 8, 그리고 5가지 맛, 왜 5, 8일까?

팔자가 좋은가 8자가 좋은가

:

888888, 여섯 8이다.

베이징올림픽 메인 스타디움 냐오차오(鳥巢, 새둥지)

2008년 8월 8일 오후 8시 8분 8초, 화려한 개막의 팡파르가 울렸다.

'하나의 꿈, 하나의 세상'(同一個世界, 同一個夢想)

'시월상달은 8번째 달이다' 철이가 펄쩍 뛴다. '말도 안 돼,' 웃긴단다.

팔월(October)이라 써 놓고 10월이라니 이럴 수가, 소가 웃을 일이다.

문어, 옥타프스(Octopus)다. 발이 8개~ 위협을 느끼면 먹물을 뿜고 달아나는

가 하면, 주위 환경에 따라 피부 색깔도 자유자재로 바꾼다.

해저 깊은 곳(60m)에 9~10만 개의 알을 낳고는 약 6개월 동안 아무것도 먹

지 못한 채 알과 부화된 새끼를 돌보다 생을 마감하는 모정이라니…

문어(Octopus)발, 오징어 다리는 왜 8개일까요?

알 수 없지요. 자꾸 물으신다면 그냥 웃지요.

연체동물의 같은 속인 낙지 꼴뚜기 주꾸미도 그렇다고 말씀드릴 수밖에…

진정… 왜 여덟일까? 또 한 번 그냥 웃을 수밖에.

詩想
004

저 꽃 속에
신비로운 아름다움이…

꽃 속에 저 ■ 속에

⋮

1, 2, 3, 5, 8, 13, 21, 34, 55, 89, 144⋯
답: 1. ■ ■ ■ & 0. ■ ■ ■

"아름답다. 0을 포함한 숫자다.
전자를 제곱하면 1이 더해지고
전자에 후자를 곱하면 1이 된다.
더도 덜도 없다."

법관은 재판으로 말하고
대 수학자는 숫자로 말하는가.
피보나치 박사의 수 놀이 문제다.
저 ■ 속에 무엇이 들어 있을까?
이제 혼자서 씨름하는 일만 남았다.
그래서 서로 더해 보기도 하고 빼보기도 하고
곱하고 나누고⋯

웃긴다고? 남은 힘들어 죽겠는데…

그러면서도 재미는 있다. 뭔가 잡힐 것만 같다.

우선 더하기

1+2=3 2+3=5 3+5=8 5+8=13 8+13=21 13+21=34 …

이제 빼기

8−5=3 13−8=5 21−13=8 34−21=13 55−34=21 89−55=34 …

그리고 나누기

5÷3=1.666… 8÷5=1.60 13÷8=1.625 34÷21=1.619 …

다음 3개의 ■ 속에는 과연 어떤 숫자가 숨어 있을까?

$$1.\blacksquare\blacksquare\blacksquare \times 1.\blacksquare\blacksquare\blacksquare = 1 + 1.\blacksquare\blacksquare\blacksquare$$

$$1.\blacksquare\blacksquare\blacksquare \times 0.\blacksquare\blacksquare\blacksquare = 1$$

$$0.\blacksquare\blacksquare\blacksquare \times 0.\blacksquare\blacksquare\blacksquare = 1 - 0.\blacksquare\blacksquare\blacksquare$$

유레카! 유레카! 유레카!

원소의 옥타브법칙

⋮

천지만물, 모든 것이 이 원소들로 만들어져 있다.

오묘한 섭리로 지배되는 대자연도 알고 보면 놀랄 만큼 단순하고 규칙적이다.

멘델레예프!

연구와 실험 앞에서는 건강도 아랑곳없고, 윗분의 눈 밖에 나기에 십상인,

그러면서도 아랫사람들로부터는 우러름을 사는 순수, 열정적인가 하면 미

련, 바보인 그런 사람이다.

"신성한 진리와 과학 탐구를 위해 꾸준히 노력해라"

1869년 겨울, 어머님의 유언을 늘 가슴에 담고 살던 한 사내가 3일 동안의

밤샘연구 끝에 자신도 모르게 잠에 빠졌다. 그 꿈속에서 주기율표를 보았

고, 포효했다.

원소의 주기율표, 현대 화학의 초석은 이렇게 해서 탄생했다.

겨우 100여 개의 원소로 구성된 왕국, 이들 원소를 원자번호 순으로 배열해

보면 8번째마다 성질이 비슷한 원소가 나타난다.

음계에 비유하여 이것을 '원소의 옥타브법칙(law of octaves)' 이라고 한다.

물질은 왜 주기성을 띠는 것일까?

원소왕국의 주기성은 원자의 전자 구조에서 유래한다.

금(Au)의 원자구조를 보자.

맨 안쪽 궤도(K)에 전자 2개…

둘째(L)에 8, 셋째(M)에 18… 32, 18, 1 순이다.

단순한 알파벳의 조합이 위대한 문학작품이 되어

사람들에게 놀라움과 기쁨을 안겨 주듯이, 원소의

왕국도 이들 원소들이 어우러져

삼라만상을, 우주를 만들고 우리에게 끝없는 경이와 아름다움을 연출해준다.

지상의 어떤 곳을 안내하고 있는가?

아니다. 그것은 아름다운 풍경, 원소의 나라다.

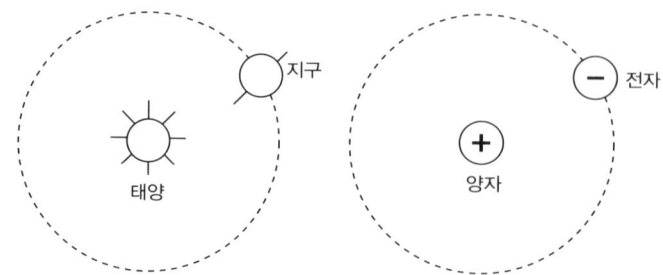

해바라기 씨앗배치의 비밀

⋮

자연의 성장과 발전은 나선 형태를 띠고 있다.

그러기에 인생도 돌고 도는가?

자연현상을 언어로 설명하기가 쉽지 않다.

그림 그리기에 나설 수밖에 없는 변이다.

해님처럼 둥그런 얼굴에 씨앗을 배열한다.

먼저 1/2(≒0.5) 비율이다.

360° ×1/2= 180° 한 점 찍고.

거기서 180° 나가 또 한 점 찍고.

반복하다 보니 일직선이 되고 만다.

공간이 너무 많이 남는다.

이번에는 1/8(≒0.125) 배열이다.

360° ×1/8= 45° 마다 한 씨앗이다.

8줄로 나누어진다. 그래도 빈터가 대부분이다.

"모든 것은 수로 말한다"는 피타고라스 방법으로는
안 풀린다.

묘안이 없나? 옳지! 해바라기 씨 배열이다.

시계방향 34줄, 반시계방향 21줄이라⋯

$$360° \times 21/34 ≒ 225°$$

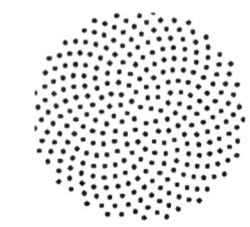

한 점을 기점으로 225° 돌려 한 점 찍고,

거기서 225°에 또 한 점 찍고⋯

그제야 둥근 얼굴에 빼곡히 들어찬다.

왜 그래야만 할까?

해바라기의 비밀이자 우주의 수수께끼다.

한 알갱이의 모래 속에서 세계를 보며 한 송이 들꽃 속에서 우주를 본다.

그대 손바닥 안에 무한을 쥐고 한 순간 속에 영원을 담아라. 〈Blake〉

모래나 들꽃 속에 숨겨져 있는 우주,

시인의 영감의 문을 통해서만

살짝 엿볼 수 있는 그런 세계인 것일까?

태양계 가족이 아름다운 까닭

:

밤하늘의 별들을 올려다보고 있노라면 마음이 허허로워진다.

티끌같이 작디작은 파란 한 점, 지구.

거기서 찍고 받고 까불대고 있지만

우주, 그 넓은 품을 떠올리면 겸허해질 수밖에.

우주와 내 몸이 137억 년 전에 한 점에서 같이 출발했단다.

우주와 나…

내 몸은 우주의 재료로 만들어졌다.

우주: 수소 헬륨 산소 탄소 질소…

인간: 수소 산소 탄소 질소 인…

우주로부터 나는 먹을 식량을, 입을 옷을, 잠잘 집을 얻는다.

별을 헤아리고 태양을 노래하며 살다살다 그렇게 살다,

우주로 되돌려질 것이다.

우주의 사랑을 느껴 알고 우주의 법을 알고 행하며, 우주의 아름다움으로

행성	태양과의 평균거리	상대거리
수성	57.91	1.00000
금성	108.21	1.86859
지구	149.60	1.38250
화성	227.92	1.52353
소행성	413.79	1.81552
목성	778.57	1.88154
토성	1,433.53	1.84123
천왕성	2,872.46	2.00377
해왕성	4,495.06	1.56488
명왕성	5,869.66	1.30580
총계		16.1873
평균		1.61874

상대거리 : 태양-수성=1

아름다워지리라.

사람의 몸. 우선 원자수로는

수소가 제일 많고

산소 탄소 질소 칼슘 순이며

질량(체중 60kg)으로 보면

산소(45.5kg), 탄소(12.6kg), 수소(7.0kg),

질소(2.1kg), 칼슘(1.05kg) 순인데.

이들 5원소가

전체 몸무게의 98%를 차지한다.

우리 태양계 행성가족, 그 가족들이 사는 형들 집과 동생들 집의 상대적 거리를 평균하면 1.618.

형 꽃 코스모스, 아우 벚꽃, 언니 쑥부쟁이, 동생 데이지, 이들의 비가 각각 1.6 그리고 1.618이다. 은하 회오리에 점점이 수 놓여져 있는 별들의 비가 또한 그렇다.

인간을 소우주라고 했던가!

꽃도 아름답고 행성가족도 은하도 아름답다.

너도 나도 아름답고, 우리 모두도 아름답다.

그 때문이다.

아름다움의 본질은
무엇일까

아름다움, 영원한 기쁨

:

웃는 얼굴은 꽃과 같아라.

시인 키츠는 노래했다. "아름다운 것은 영원한 기쁨"이라고.

활짝 핀 꽃, 활짝 웃는 웃음.

고개 숙여 다소곳이 핀 꽃, 손 가리고 수줍어 웃는 웃음.

좋다. 그냥 좋다. 왠지는 몰라도.

아름다움을 추구하며 살아가는 우리 인간들…

우리 삶 속의 모든 것들이 아름다워질 가능성이 있고,

또 실제 아름다운 것이기에 우리가 이 세상을 살아갈 수 있는 것이 아닐까?

아름다움, 어디에서 오는 것일까?

조물주께서 아름다움에 대해 어떤 설계지침을 내렸을까?

둘러보면, 마음이 달가워 오면, 아름답지 않은 것이 어디에 있단 말인가!

아름다움을 아는 사람은 아름답다.

내재되어 있는 미를 찾아 의미를 부여하고 자신의 감정과 자연스럽게 만나

게 하다보면 이 때 따라 사는 멋이 솔솔 찾아든다.

아름다움에 다가간다. 내게로 스며들게 할 수 있다면 얼마나 좋을까.

욕심을 줄여 아름다움을 느낄 수 있다는 그 하나만으로도 우리의 삶이 좀 더 살만해지지 않은가.

첫여름 하이얀 뭉게구름…
신록은 푸르른데 새소리, 물소리, 바람소리…
꽃과 어우러져 좋다! 흥인지 아름다움인지…
그래서 5월은 찬물로 방금 세수한 소녀의 청순한 얼굴이라 했던가!

아름다움이, 행복이 무어냐고?
묻지 마시오. 알 것도 모를 것도 같기에…
그것이, 그것이!

아름다움의 본질

:

아름다운 여인, 수려한 산하, 감미로운 선율…
아름다움, 그것은 정말 어디에서 오는 것일까?
보고 듣고 느끼게 만드는 그런 대상으로부터 오는 것일까?
자연의 황금비, 음악의 화음… 이들이 아름다움을 만들어내는 것은 아닐지.
인간도 자연의 일부임이 분명하기에 우리 몸도 아름답기를 염원한다.
아름답다는 것은 상대방을 이끄는 최대의 무기일 수도 있는 것이다.
우리는 왜 그토록 아름다움의 신비로운 힘에 이끌리는 것일까?

새해아침, 동해에 찬연히 떠오르는 해를 바라보고
백두산에 올라 안개 자욱한 천지를 굽어보며
대자연의 아름다움에 탄성을 울린다.
지구돋이 대자연의 아름다움에 경외감이 저절로 생겨난다.

그렇다. '아름다움'은
우리 인간에게 최고의 가치이기 때문일까?

아름다움과 기술(art)

:

 인생은 짧고 예술은 길다(Life is short, Art is long).
신라의 금관, 이집트 피라미드(Pyramid),
예술과 기술을 아울러 뜻하는 아트(art)!
그래서 인생은 짧아도 기술인들의 땀과 혼이 빚어낸 걸작품
은 그 생명이 길기도, 아름답기도 한가 보다.

아름답다. 멋지다. 사람들은 좋아한다.
아름다움, 그 생김새가 그 색깔이 어찌하여 인간으로 하여금 아름다움으로
느끼게 만들까? 조물주의 설계지침 때문인 것일까?
알 길 없다.

자연과 생명은 그 자체로서도 아름답다.
그런데 카오스, 프랙털, 유전자 등과 같이 자연은 그 자체가 너무나 복잡하
게 얽혀있어서 그 속에 감추어져 있는 미적 통일성을 찾아내기가 여간 어렵
지 않다.

소라의 생장점을 들여다보라. 신기하게도 황금비를 이루고 있다.

그런데 그 비가 소수점 3자리(0.618…)까지 같다.

무리수와 유리수가 같다는 것은 무엇을 뜻하는가?

서로 다른 세상을 하나로 되게 하려는 어떤 묵시적 계시가 아닐까?

황금비, 미인의 얼굴이 그렇고

꽃이 그렇고

물의 소용돌이가, 은하, 우주가 그러하다.

뿐이랴 듣기 좋은 음악이 우리의 오감, 맛, DNA 또한 그렇다.

인간은 왜 이들에서 아름다움을 느끼는 것일까?

그것은 인간 자체가 자연의 일부라서 그럴까?

아니면 진리와 아름다움이 같아서일까?

물음은 꼬리를 무는데 알 길은 없고, 마음만 줄달음친다.

우리에게 아름다움이란 무엇인가

:

그리스 여류시인 사포(Sapho)의 왈(曰),

"예쁘면 다 착하다!"

그것도 2,600년 전에…

참으로 맹랑 발칙한 표현이다.

그런데 그럴 수도 있겠구나다. 그도 그럴 것이

같은 딸인데도 어떤 딸은 더 귀엽고, 친구도 잘 생긴 친구가 더 좋고

예쁜 아이 떡 하나 더 주고 싶다.

'예쁘다, 그렇지 않다' 하는 것은 과연, 사회가 만들어낸 편견일 뿐이다.

맞는가?

갓난 아기도 예쁜 간호사 앞에서는 울음을 그치고 방긋이 웃는다는데, 틀린

말인가?

'옳다, 그르다' 따지기에 앞서 어디 한 번 보자.

선거를 앞둔 유권자가 누굴 골라야 할지를 두고 가장 먼저 보는 것이 공약

인가? 아니다. 후보의 생김새, 꼬락서니다.

미녀, 미남 가수 앞에 더 많은 사람들이 몰려든다.

'나는 아니다.' 정말 그런가?

영화 〈미녀는 괴로워〉의 주인공은

뚱뚱한 것 말고는 모든 것이 돋보이는 아가씨다.

가수로서 타고난 재능으로 많은 사람들을 감동시킨 그녀. 또한 인기절정에

다가가면 갈수록 오히려 점점 비탄에 젖는다.

그럴 수가? 왜 그랬을까?

그녀의 재능이 빛을 발하면 발할수록 그에 비례해 뚱뚱한 외모 콤플렉스는

커져만 갔던 것이다.

가수로 선택되는 사람은 노래 잘 부르는 사람이냐, 아니면 예쁜 사람이냐?

그것이 문제로다.

이렇게 되면 이것이 과연 소설이나 인기무대에서나 영화에서나 나올 법한

그런 일일 뿐일까?

아름다움은 언제나 강하다

:

찰스 다윈이 말했다. "공작새의 깃만 보면 기분이 우울해진다"고.
그도 그럴 것이 그의 진화론 관점에서 보면, 공작, 극락조처럼 아름다운 종
은 우선 적의 눈에 띄기 쉽고, 또 도망치기에도, 먹이사냥에도 거추장스러
운 기다란 깃을 갖고 있어 생존경쟁에서 매우 불리할 수밖에 없다.
따라서 이미 멸종했어야 마땅했다. 그런데… 아니다.

예쁜 아이 노는 모습이 더 귀여워 보이고, 잘 생긴 여성일수록 데이트 신청
을 더 많이 받는다. 세계 130억 개의 눈. 인종, 취향, 문화는 달라도 아름답
다고 인식되는 얼굴은 어디서나 같은가 보다.
작은 벌레만 봐도 날 살려라 괴성을 발하는 아가씨들, 그런 가녀린 여성들
이 뼈를 깎아내고, 살점을 헤집고 지방을 제거하는 예리한 칼날 앞에서는
한 순간에 여전사로 둔갑한다. 그까짓 것쯤이야.
클레오파트라의 코가 조금만 낮았더라면
역사가, 세상이 바뀌었을 것이다.

자신의 코를 비틀어 본다. 아야! 아프다.

그래도 예뻐야지. 예쁜 것은 좋으니까, 축복이니까.

내게는 그님이

얼핏 님을 바라보기만 해도 이미

목소리는 잠겨 말 나오지 않고.

혀는 가만히 정지된 채 즉시

살갗 밑으로 불길이 달려 퍼지고,

눈에 비치는 것이란 아무것도 없어

귀는 멍멍하고.

온몸은 와들와들 떨리기만 할 뿐. 〈그리스 Sapho〉

02

태초에 빛,
하늘이 열리고

詩想
001

이 세상은 어떻게
만들어졌을까

• • •

빅뱅, 시원의 대 파노라마

:

허블 망원경으로 우주를 관측한 결과
가까이에 있는 은하보다 멀리 있는 은하가 더욱 빠른 속도로 멀어지고 있다.
이름하여, 우주의 팽창론이다. 왜 그럴까?

우선 큰 풍선 하나를 준비한다.
우리 은하를 빨간점으로 표시해두고 이어 1cm 떨어진 곳에 다른 색으로 안
드로메다 은하를 찍고, 3cm 떨어진 곳에 더 멀리 떨어진 있는 은하를 그린다.
이제 풍선을 세게 불어보라. 1cm 떨어진 가까운 은하보다 멀리 떨어진 은하
가 더욱 빠르게 멀어지는 것을 볼 수 있을 것이다.

팽창하고 있는 우주.
지금부터 타임머신을 타고 우주의 시간을 거꾸로 거슬러 올라가 보자.
마치 영화필름을 역으로 돌리는 것과 같이.
지금부터 현 우주의 수축이다.
작아지고… 작아지고를 계속해 나간다.

마침내 태풍의 눈처럼, 은하의 중심처럼 소라껍질의 꽁지점처럼 한 점으로

모아진다. 이 점이 바로 우주의 시초인 한 점,

우주의 시작점이고 '빅뱅(Big Bang)' 점이다.

빅뱅은 공간 안에서 일어난 것이 아니다.

공간도 시간도 물질도 존재하지 않았다.

오히려 때를 같이하여 시공이 창조된 것이다.

그럼 대폭발 전에는 무엇이 있었느냐?

현대과학의 답은 답답하기만 하다.

무(無)… 아무것도 없었다고.

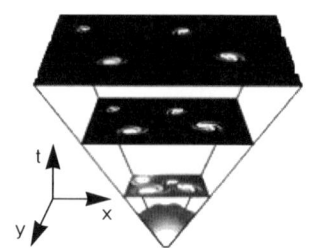

'나는 어디에서 왔는가?' 라는 문제를 과학적인 관점에서 다루고 있는 빅뱅.

우리가 보아온 폭발과는 근본적으로 다르다.

아무것도 없는 무의 공간에 있던 한 점. 크기가 0이고, 밀도와 온도가 무한

대인 상태, 특이점(特異點, Singularity)이다.

어느 순간, 온도는 증가하고 밀도는 감소하다가 폭발적으로 순식간에 일어

났다는 빅뱅. 바로 이 특이점의 대폭발인 것이다.

"우주는 137억 년 전에 대폭발이 있었고

수천억 조 분의 1초도 안 되는 짧은 시간에

엄청난 팽창을 일으켰다" 〈G. Gamow〉

"우주가 빅뱅이란 극한상태에서 출발했다면, 초기의 그 초고온의 열 흔적이

어디엔가 남아 있을 것이다. 그 열복사는 매우 미약하나 온 우주를 가득 채우고 있을 것이며, 우주 공간의 모든 방향에서 우리를 향해 올 것이다.”

가모의 대담한 예언이다.

그런데 당시 아무도 이를 받아들이려 하지 않았다.

과연 빅뱅의 화석이 남아 있을까?

벨 전화회사의 두 과학자 펜지아스와 윌슨이

자사제품인 전파망원경에 나타나는 잡음 제로에 애쓰다가

드디어… 알 수 없는 잡음(전파)의 단초를 찾아냈다.

그것은 바로, 우주로부터 오는 전자파, 우주 배경복사(Cosmic Microwave Radiation)였다.

이 빅뱅으로 소우주가 계속 팽창하면서

양성자 중성자 미립자 등이 만들어지고

이것들, 그것들이 모이고 뭉쳐서 원자가 되었다.

이 원자들 중 일부는 분자로, 다른 것들은 다시 모이고 쌓여서 성운을 이루고

여기서 별들이, 은하가 생겨났다.

이들 모두가 모여, 대 파노라마, 오늘의 우주가 된 것이다.

생겨나고 사라지는 별

여름밤 멍석 깔고, 손깍지 베개 삼아 하늘을 본다.
엄마별 아빠별 너별 나별 아기별,
저기 저 별은 은하수를 사이에 둔 애틋한 사랑의 견우와 직녀
반짝반짝 빛나는 무수한 별들,
사연도 많고, 상상의 나래가 가없이 뻗어간다.
별들의 가족 앨범이다.

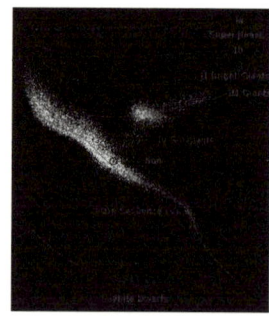

초거성, 거성, 주계열성, 백색왜성
가운데 길게 보이는 도마뱀(?) 한 마리가 있다.
그 몸통 끝 부분에 보이는가? 우리별 태양이다.
크지도 작지도, 늙지도 젊지도 않은
말 그대로 보통 별인 것이다.

1초 동안 30만 km를 달리는 빛.
1초 동안 지구 7바퀴 반을 돈다.
달까지 1.3초, 태양까지 8분 20초 걸린다.

이것이 1분 1시간 1일 1개월도 아닌 1년 내내 달려가는 거리가 1광년이다.

수십 수억 광년 거리에 있는 별, 우리의 상상을 뛰어 넘는 머나먼 거리다.

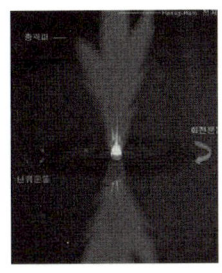

화성 토성 등은 이름만 성(星)이지 별이 아니다.

행성이란 이름의 태양의 달이다.

우리의 태양은 별이다.

북극성 남십자성과 같은 전형적인 별인 것이다.

오늘도 어떤 별은 태어나고 어떤 별은 죽는다.

은하의 팔에 초롱초롱 안겨 있는 애기 별들…

이제 막 태어나 푸른빛으로 생을 알린다.

별들도 늙고 죽는다.

체중이 무거운 별은 화려하지만 그 수명이 짧다.

초신성은 그별 최후의 반짝 빛남이다.

사람도 죽는 순간에 정신이 반짝 들기도 한다는데…

별 또한 그러한가 보다.

제 먹을 것을 타고나는 별

⋮

아이가 태어난다. 제복, 제 먹을 것은 타고난다.
별이 생겨난다. 제 먹을 것, 제 명을 갖고 나오는 것이다.
먹을 것을 많이 가지고 태어난 별일수록 크고 활동도 활발하기 때문에
식량이 쉬 바닥나고, 그래서 수명도 짧다.
별의 일차 식량은 수소.
온도가 1,000만도 이상이 되면 별의 내부에서는 수소와 수소가 융합하는
핵반응 – 수소폭탄이 수도 없이 많이 폭발–이 일어난다. 아기별 탄생이다.

태양 크기의 별은 헬륨합성 반응을 끝으로 적색거성으로 변한다.
태양보다 큰 별은 수소 연료가 바닥나면 헬륨으로 탄소를 합성하는 핵반응이
이어진다. 다음은 탄소를, 산소를, 규소를 연료로 차례로 계속된다.
이렇게 하여 내부에너지를 모두 소모하고 나면 핵융합은 더 이상 일어날 수
없다. 철에서 끝난다.
이때부터 별은 핵융합에 따른 폭발–팽창과 중력–수축간의 균형이 깨져 수
축 단계에 들어간다.

제어가 풀린 중력수축은 극한으로 치닫는데 급기야 철의 핵과 핵들이 부딪치는 상황, 별은 더 이상 견디지 못한다. 엄청난 대폭발! 초신성이다.

태양 열배 정도 무게의 별은
초신성 폭발 후에 잔해가 다시 엉켜 모여서 중성자별이 된다.
전자의 이탈 때문에 전기적 성향을 띄기도 해 펄스(Pulse)가 관측되기도 하는데, 때문에 중성자별을 펄서라고 한다.

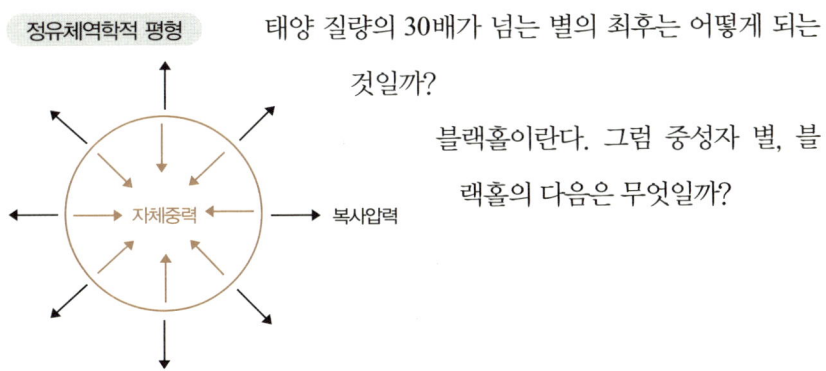
정유체역학적 평형
자체중력
복사입력

태양 질량의 30배가 넘는 별의 최후는 어떻게 되는 것일까?

블랙홀이란다. 그럼 중성자 별, 블랙홀의 다음은 무엇일까?

블랙홀

⋮

블랙홀(Black Hole), 말 그대로 검은 구멍이다.

빛마저도 못 나오니까 검게 보이고 무엇이든 끌어들이는 구멍.

한번 들어가면 끝이다.

태양 질량의 30배가 넘는 큰 별, 이 별이 수명을 다하는 시점에

어마어마한 폭발이 일어난다. '초신성'이란 이름의 별 화장이다.

이때 가벼운 원소나 물질들은 우주공간으로 널리 흩어져 버리고

무거운 물질들은 다시 한 곳으로 모여드는데,

이 극적인 현상으로 만들어진 것이 블랙홀이다.

물체를 극한까지 압축시키면 어떠한 질량의 물체라도 블랙홀이 된다.

태양의 반지름이 3km 가량으로 수축되면 되고

지구도 블랙홀이 될 수 있는데 그 반지름이 5mm 정도라야 한다.

안드로메다 은하와 마찬가지로

우리 은하(the Milky Way) 중심에도 블랙홀이 있는 것으로

학자들은 밝히고 있다.

들어가는 것(Input)이 있으면

나오는 것(Output)이 있기 마련.

블랙홀 → 화이트홀 → Black hole → White hole

나고 죽고 죽고 나고, 만나고 헤어지고…

끝이 있는가? 있다면 어디일까?

끝이 없는가? 없다면?

그럴 리가…

모를 일이다.

더는 묻지 말자.

나도 모르고 너도 모르고 어느 누구도 모르기 때문에, 때문에…

우주는 끝이 있을까?

:

하나의 별처럼 보이는 퀘이사(Quasars).

이것이 실은 수많은 별들로 이뤄진 거대한 은하다.

130억~150억 광년의 거리에 있는

지구에서 가장 멀리 떨어져 있는 천체인 것이다.

그렇게 멀리 있는데도 관측이 가능하다. 어떻게?

거기서 상상을 초월할 만큼 무시무시한 에너지가 방출되고 있기 때문이다.

퀘이사는 어떻게 만들어졌을까?

학자들이 밝힌 생성모델을 살펴보기로 한다.

　★ 회전방향이 서로 다른 2개의 은하계가 서로 겹친다.

　★ 곧 두 은하는 완전히 합쳐진다. 이때 에너지를 잃어버린

　　 가스 등이 중심부로 중력 낙하한다.

　★ 낙하된 물질들이 모여 수많은 별들을 한꺼번에

　　 만들어낸다. 때를 같이하여 강력한 적외선을 발산한다.

★ 중심부에 블랙홀이 형성되고 거기로부터 흡수된
   에너지를 제트(Jet)처럼 내뿜는다.

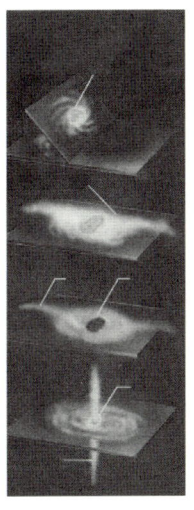

우주의 끝 지점에 위치한 것으로 보이는 이 천체는
빅뱅시에 형성된 것으로 추정되며
그래서 과학자들은 퀘이사의 생성년대를
우주의 90%에 달하는 123억 년으로 보고 있다.

우주에는 끝이 있을까?
팽창을 하고 있다는데 계속 하게 되는 것일까?
아니면 어느 땐가 다시 수축 모드로 들어갈 것인가?
질문은 많은데 답은 아직도… '모른다' 다.
언젠가는 밝혀지겠지…

암흑물질과 암흑에너지

⋮

우리 인간의 몸, 숨 쉬는 공기, 마시는 물, 해와 달…

이 세상 모든 것은 원자로 구성되어 있다.

원자 하나하나가 결합하여 분자를 형성하고 '물질'이 된다.

그런데 이 '물질' 모두를 다 합쳐 봐도 우주 전체 구성요소의 단 4%에 지나

지 않는다. 그렇다면 나머지 96%는 무엇이란 말인가?

이 또한 '모른다.'

과학자들은 그것을 암흑물질(23%), 암흑에너지(73%)라고 부른다는 것밖에…

암흑물질은 빛과의 상호작용을 하지 않기 때문에 우리 눈에는 절대로 보이

지 않는다. 그렇다면 어떻게 그 존재를 알아냈을까?

아인슈타인은 말했다. "질량을 가진 천체는 빛의 궤적을 휘게 만든다"고.

그런데 은하를 관측하던 중 이런 빛 궤적의 휨이 그 은하의 예상했던 계산

상의 휨보다 훨씬 큼을 알게 되었다. '보이지 않는 질량'이 있음이다.

우주는 팽창한다. 중력은 모든 것을 가운데로 이끈다.

그렇다면 이 우주는 중력에 의해 팽창을 멈추고 다시 하나의 점으로 수축되

어야 한다. 그런데 아니다. 왜 그럴까?

우주의 팽창속도는 역으로 점점 **빨라지고** 있다. 이처럼 중력을 거스르게 하는 힘 그것은 바로 '암흑에너지'. 이 거대한 우주의 운명을 관장하고 있는 존재인 것이다.

이 암흑에너지 역시 암흑물질과 마찬가지로 그 어떤 단서조차 우리에게 보여주지 않고 있다.

암흑물질의 경우 검출해내기 위한 실험적 시도가 있기라도 하지만, 암흑에너지는 그런 시도조차 할 수 없을 만큼 커다란 베일에 가려져 있다.

그런데 우리가 보고, 듣고, 만지고, 느끼는
이 모든 것들이 우리가 속한 우주 안에서
고작 4%라는 생각에 미치면
그 4% 안에서 우리가 인지하는 우주, 거기에서 또 수많은
은하 중 우리 은하, 그리고 태양계, 이어 마침내 지구, 그 작디작은 행성에서 아웅다웅하고 있는 나, 우리다.

오늘도 저 먼 먼 하늘, 베일에 가려 있는 거대한 96% 천체는 여전히 그 자리에 그냥 있을 뿐이다. 어딘가 그 자리에…

아레시보(Arecibo) 우주 메시지

⋮

넓고도 넓은 우주, 많고도 많은 별,

그 별들이 바로 우리 태양과 형제들이다.

외계에 생명체가 있을까?

그 답은 있고도 많을 것만 같다.

그런데 아니다.

인류의 오랜 갈망과는 달리 아직도… 다.

그동안 수많은 과학자들이 숱한 시도를 해왔으며,

전 세계 수천의 전파망원경을 통해 24시간 빈틈없이

추적을 계속하고 있으나 지금까지도 감감 무소식이다.

그래서 정식으로 보내기로 했다.

인간의 메시지를 우주로 띄운다.

수신: 우리 은하계 내의 구상성단 M13

발신: 푸에르토리코 아레시보 전파천문대

칼 세이건 박사의 주도로 1974년 11월 26일 행해졌다.

우주 메시지에는 어떤 내용이 담겨져 있을까?

나였다면 어떤 이야기를 써 보냈을까?

간결하면서도 꼭 전하고픈 것은 전해야 하지 않았을까?

먼저 지구인이 사용하는 1~10 수가 보인다. 다음은 지구상에 생명을 구성하는 기본 원소인 수소, 탄소, 질소, 산소, 인 등의 원소번호다.

이어 당 (Sugar) 분자식과 생명체의 DNA 뉴클레오티드 DNA의 이중나선 구조, 사람의 DNA의 염기쌍 수, 지구인의 키, 인구 수 순이고, 이어 우리 태양계와 그 가족인 행성들이 새겨져 있다. 특히 셋째를 두드러지게 나타낸 것은 이 메시지가 바로 그곳 '지구로부터 온 것'이라고. 끝에 보낸 천문대 아레시보가 그려져 있다.

하얀 네모는 망원경 직경(306.18m)을 나타낸다.

이제 화살은 쏘아 올려졌다.

언젠가는 우주에서 답 신호를 보내오겠지…

전세계가 가슴 졸이며 답을 기다려 온 지 35년.

끝내 무소식이 무소식으로 끝나고 말 것인가

아니면 유소식, 가슴 쾅쾅 희소식이 날아들 것인가?

이 세상은 무엇으로
만들어졌을까

태초에 수소원자가 만들어지다

:

으뜸 원소, 시원의 원소, 수소(Hydrogen).

양성자, 전자 각각 하나다.

원자번호 1.

각각 둘이면 원자번호 2(헬륨),

셋이면 원자번호 3(리튬)…

여덟이면 8(산소),… 26(철),

50(주석),… 100(페르뮴)

진리는 단순하고도 아름다운 것인가?

인류 대대로 이어져 내려온 커다란 수수께끼이자 많은 석학들의 애간장을 태워왔던 세상의 기본요소가 다름 아닌 원소이며, 그 원소의 근본이란 것도 알고 보니 유치원생 산수 놀이다. 1+1=2, 2+1=3, 10+1=11

우주 전체 물질의 99.9%가 수소와 헬륨이다.

맨 먼저 만들어진 수소가 제일 많고(75%) 그 다음이 헬륨(25%).

어떻게 만들어졌냐고? 빅뱅(Big Bang)이다.

태초에 빛이 있었고 수소원자가 만들어졌다.

⊕인 양성자 하나, ⊖인 전자 하나.

단순하다. 놀라움 그대로다. 멋지다!

천리 길도 한걸음부터다.

수소원자에 양성자 전자 하나씩 추가한다. 헬륨(He)이다.

오늘도 태양에서는 수소를 땔감으로 헬륨을 만들어내고 있다. 핵융합이다.

그 덕에 햇볕 아래, 열과 빛을 누리며, 우리가 살아가고 있다.

다음은 수소의 더하기 숫자 놀음.

수소 + 수소 = 헬륨(양성자 2개 : 2P)

헬륨 + 수소 = 리튬(3P)

리튬 + 수소 = 베릴리움(4P)

헬륨 + 헬륨 + 헬륨 = 탄소(6P)

헬륨 + 탄소 = 산소(8P)

마그네슘(12P), 철(26P), 백금(78P), 납(82P).

자연계에 존재하는 원소 중 가장 무거운 우라늄(U)

양성자 92, 전자 92로 수소 92개의 합과 같다.

에베레스트에 오른 기분이 어떠할까?

혹독한 산고, 원소의 생성

:

원소의 왕국.

원자핵 가족인 중성자는 논외로 한다.

기본에 다가서고, 단순화하기 위해서다.

그럼, 이들 원소들이 저절로 만들어졌느냐?

오, 결코 아니다.(No pain, No gain)

참으로 혹독한 조건하에서 만들어졌단다.

불덩어리인 해, 그 속에서 수소를 원료로 헬륨이 만들어지고 있다.

(태양에서 최초발견, 태양신 헬리오스에서 헬륨)

태양보다 수십 배 큰 별에서 탄소, 산소, 철이

별의 종말인 초신성, 별과 별의 극적인 충돌현장

상상에 상상을 초월하는 극한 상황 속에서

백금 금 은 우라늄 등 무거운 원소들이 그렇게 만들어진 것이다.

신성(Supernova)과 때를 같이하여 이들이 생성되고, 어마어마한 폭발로 별의

잔재는 가스와 먼지 등으로 되어 드넓은 우주공간으로 산산이 흩뿌려진다.

성간물질, 암흑물질, 대규모의 성운이다.

성운에는 확산성운(diffuse nebulae)과 행성상 성운(planetary nebulae)이 있다.

오리온성운처럼 큰 성운은 태양 크기의 별 수십만 개를 한꺼번에 생성할 수 있다.

오늘날 지상의 모든 원소들은 이와 같은 긴 여행을 거쳐 우주공간을 떠돌다가 태양 그리고 태양계가 형성되면서 그 시원 물질로 지구로 옮겨왔다.

그렇게 해서 산과 들이, 아기 돌 반지가 되고

내 몸을 이루고, 세상만물 우리의 갖가지 자원이 되었다.

그 어느 하나도 소중하지 않은 것이 있을까?

연금술사도 지상의 어느 천재도 우리가 쓰는 원소를 만들어내지 못 한다.

오직 우주, 우주만이 할 수 있는 것이다.

근대화학의 아버지

인간은 알고 싶다. 그래서 묻고 또 묻는다.

세상은 무엇으로 만들어졌을까?

우리주변의 수많은 물체들.

보고 듣고 맛보고 냄새 맡고 만지고…

물질로 이루어져 있는 이것들.

고체, 액체, 기체.

달리 플라스마 상태, 콜로이드 상태,

비결정 상태 등도 있다.

놀랍게도 기원전 5세기 엠페도클레스는 '흙– 공기– 물– 불' 을 우주의 4대

요소라고 밝혔다. 그럴싸하다. 그래서 그런지 근세까지 통했다.

우리가 딛고 있는 땅, 풀과 나무가 자라는 흙…

바위가 부스러져 생긴 돌가루와 동식물에서 생긴 유기물이 섞여 만들어진 흙.

(달에는 돌가루만 있고 흙은 없다)

공기, 바람이 불고 새들이 난다. 돛단배가 물을 가르고 연기가 피어오른다.

입김이 안개처럼 일고 우리가 숨 쉰다.

흐르고 흐르는 물, 생명수. 얼음인가 하면 마실 물로, 그리고 수증기로 강으로 바다로 대해로 빙하로다.

대보름달 아래 달 집 불을 가운데 두고 한바탕 흥이 난다.

너도 돌고 나도 돌고, 강강술래~~

나무가 타고 기름에 불이 붙는다. 불은 무엇인가? 왜 불에 타는 것일까?

 "라부아지에의 머리를 베어 버리는 일은 일순간으로 족하나, 같은 두뇌를 만들려면 100년도 더 걸릴 것이다." 프랑스혁명의 제물로 단두대의 이슬로 사라진 그의 죽음을 수학자 라그랑주는 이렇게 애통해 했다.

당시까지 믿어왔던 공기, 물, 불, 흙의 세계가 실은 원소로 된 물질의 세계이며, '물질의 성분인 원소의 본성은 질량' '연소는 산소와 결합하면서 일어난다' 는 불타는 원리와 타고 난 후에도 질량은 불변이란 '질량 보존의 법칙'을 밝혀준 '근대 화학의 아버지' 라부아지에.

부디 한을 푸소서!

불과 100여 개의 원소로 이뤄진 세상

⋮

삼라만상을 이루는 요소는 무엇일까?

꼭 알고 싶은데 막막하기만 하다.

그래서 안내자가 필요한 것이다. 과학자 멘델레프, 모즐리를 따라 나선다.

원소(Element)란 산소, 수소, 철, 금과 같이 한 종류만의 원자(Atom)로 만들어진 물질 및 그 홑원소물질의 구성요소다.

각 원소는 고유의 원자번호를 갖는데 원자번호는 그 원소가 갖는 양성자의 수와 같다. 현재까지 알려진 지구상의 원소는 총 111종으로서 1번은 수소 ~ 111번 뢴트게늄(Roentgenium)이다.

금속, 비금속, 전이원소가 있고, 상온에서 고체가 제일 많고 다음이 기체, 새하얀, 그리고 진붉은색의 액체인 원소, 수은과 브롬이 있다.

란탄 57(La)족과 악티늄 89(Ac)족은 각각 바로 다음에 이어져 오는 것(갈색 표시)이 옳으나 보기 좋게, 편의상 그렇게 만든 것이다.

흰 바다, 붉은 바다, 상상만 해도 놀랍기만 하다.

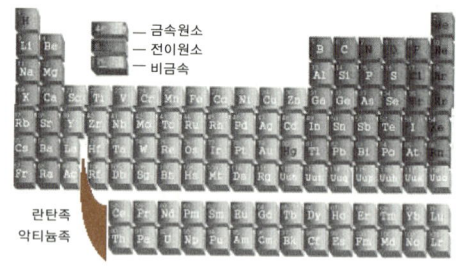

불과 100여 개의 원소로 구성된 왕국, 원소는 공기, 바다, 지구 그 자체의 기초이다.
우리는 원소 위에 서 있고, 원소로 된 음식을 먹으며, 우리의 몸도, 뇌도 원소로 만들어져 있다.

그러면 우리의 생각조차 어쩌면 원소의 성질에서 비롯되는 것은 아닐까?

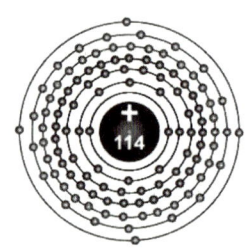

이 원소들은 물질이다. 서로 연관되어 있다.

아무렇게나 뒤섞여 있는 것이 아니라,

한 지역의 성질이 이웃 지역과 밀접한 관계를 갖도록 고도로 잘 조직되어 있다.

선명한 경계는 거의 없고, 경치는 대개 서서히 변한다.

초원은 완만한 골짜기와 섞이고, 골짜기는 점점 깊어져서 끝 모를 심연으로 변한다.

지상의 어떤 곳을 바라보고 있는가?

아니다. 그것은 원소들로 구성된 나라, 그곳의 아름다운 풍경이다.

한글 자음과 모음 24조합이 위대한 문학작품이 되어 사람들에게 놀라움과 기쁨을 안겨 주듯이, 원소의 왕국도 불과 100여 개로 이루어진 나라다.

원소는 삼라만상을, 우주를 만들고 끝없는 경이와 아름다움을 연출해준다.

여기에도 어김없이 아름다운 수 여덟(8)이 뚜렷하다.

색즉시공, 공즉시색

:

'있는 것이 없는 것이요, 없는 것이 있는 것이다.'

(Form is emptiness, the very emptiness is form.)

이 무슨 도깨비 같은 소린가?

색즉시공 공즉시색(色卽是空 空卽是色), 반야심경 핵심구절이다.

우리의 세계 그 자체가 공(空)하고, 공하면서도 뚜렷한 작용과 형상이 있는

그런 세계란다.

'색불이공(色不異空) 공불이색(空不異色)' 이 변화하는 세계를 가리키고 있다면,

'색즉시공 공즉시색' 은 그러한 세계의 본질을 의미한다.

왜 세계는 변화할까?

'세계의 본질 자체가 색이면서도 공이기 때문이다.'

알다가도 모를 일이다.

연필, 책, 해와 달, 사랑하는 연인.

지금은 잡히고 또렷하고 예쁘다. 그런데 언제나 그럴까?

시간이 흐르고, 장구한 세월이 쌓이면 형체도 무엇도 모두가, 공으로 되돌

아간다.

인간, 지구, 별은 물질로 구성되어 있다.

물질은 분자로 되어 있고, 분자는 원자로, 원자는 소립자로, 소립자는 미세한 알갱이인 쿼크로 구성되어 있다. 쿼크는 에너지다.

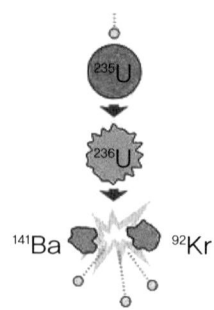

$E = mc^2$.

아인슈타인의 깜짝 세계다.

에너지가 집중적으로 몰려 있는 것이 물질이고 드문드문 인 상태가 에너지인 것이다. 물질이 에너지이고 에너지가 곧 물질이라…

지금도 아리송한데 당시로는 어떠했겠는가!

시계는 보이는데 시간은 안 보인다.

공간은 어데 있지? 하늘인가 우주인가?

극과 극은 통하는도다

:

'극과 극은 통한다!'

알 것 같기도 하고 모를 것 같기도 하다. 아리송, 다리송이다.

남극과 북극, 생과 사, 천당과 지옥, 가장 큰 슬픔과 최상의 기쁨 등 상반된 양극이 서로 어떻게 통한다는 것인지 물어보기도 하고 나름대로 찾는 노력도 계속 해 왔건만 그 답을 얻어내지 못한 채 숱한 날들을 지나왔다.

언제인가 그 날도 여느 때처럼 원자력과 씨름하다가 해후소를 행(行)했는데 어느 순간엔가 나도 모르게 '아하!' 해후(邂逅)에서 해후(解后)다.

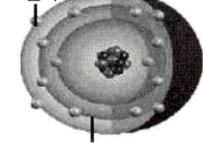
전자
전자궤도

극소의 세계와 극대의 세계가 만난 것이다.

우주를 태양계로 축소시켜 보자.

태양을 중심으로 행성들이 그 주위를 돌고 있다. 수성, 금성, 지구…

원자의 경우도 원자핵을 중심으로 그 주위를 전자가 돌고 있다.

K L M … 궤도로 태양이 태양계 전체 질량의 99% 이상을 차지하듯이 애기 태양계인 원자도 또한 그렇다.

극대인 태양계와 극소인 원자계가 어쩌면 그렇게 닮을 수가 있단 말인가!

감탄을 넘어 경이로움에 흠뻑 젖어든다.

떨어지는 사과 하나 눈송이 하나

⋮

"어느 눈송이 하나도 다른 곳에 떨어지지 않는구나."

큰 스님의 독백이다.

"그러면 어디로 떨어집니까?"

제자 하나가 촐랑대다 굴밤만 싸하다. 〈벽암록〉

비가 내리고 폭포수가 쏟아진다.

아래로 지상으로 떨어진다. 하늘로는 아니다.

해와 달이 떨어지지 않고 두둥실 떠 있다.

삼천궁녀는 낙화암에서 떨어졌고 강물은 예나 지금이나 아래로 흐른다.

돌맞이 거동보소, 넘어지고 일어나고…

서있는 것, 앉아 있는 것보다 누워있는 것이 편하다. 왜 그럴까?

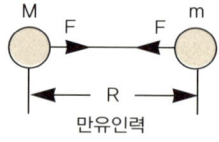

지구상에선 중력,

우주에선 만유인력으로 불리는 힘(力),

내 눈에는 아닌데 뉴턴에게는 보였던 것일까?

자연에 존재하는 힘은 만유인력, 전자기력, 핵강력, 핵약력, 오직 넷 뿐.

이 네 가지 힘 중에서 가장 약한 힘인데도 만유인력 덕분에 별들이, 지구가 떨어지지 않는다.

두 물체 사이에 작용하는 만유인력의 크기 F는 물체의 종류 또는 물체 사이에 존재하는 매질에 관계없이 그 물체 각각의 질량 M, m의 곱에 비례하고, 물체 사이의 거리 R의 제곱에 반비례한다. $F=GMm/R^2$

만유인력이 왜 생기냐고? 글쎄 알 길이 없다.

장차 밝혀질 것인가? 그것 또한 알 길이 없다.

첨단물리학도 갈길이 먼 것 같다.

아니 인간이 하늘을 다 알 수 없는지도 모른다.

하늘이 도는가
지구가 도는가

코페르니쿠스적 적환

⋮

새해 아침 정동진 해돋이, 대보름 둥근달 두둥실

동에서 솟아 서로 진다.

밤하늘의 크고 작은 별들도 또한 그러하다.

내가 선 땅, 지구를 중심으로 하늘이 돌고 있다는 천동설, 《알마게스트 (Almagest)》.

140년경 그리스 프톨레마이오스(Ptolemaeos)에 의해 밝혀졌다.

당대의 석학 플라톤, 아리스토텔레스의 지원을 받았고,

그리스도교 교리로서 공인받기에 이른다.

하늘이 돈다는 천동설은 감각적으로나 정서적으로나 지극히 자연스럽다.

그런데 아니란다.

하늘이 도는 것이 아니고 지구가 돈단다.

지동설이다. 맞는가?

당시 천동설 달력은 오차가 너무나 커서 교황청은 코페르니쿠스에게 새 달력을 만들도록 의뢰했다.

밤낮없이 달력 수정 연구를 거듭해 보았지만 조금도 진전을 보지 못했다.

돈독한 신앙인인 그가 얼마나 답답했었기에 들여다보았을까? 금단의 상자를!

그 금단의 상자가 요술을 부린 것일까?

놀랍게도 지동설 달력은 이제까지의 오차를 말끔히 씻어주는 것이 아닌가!

"나 죽은 후에 책을 내라."

전지전능한 신이 만들어낸 '지구' 라는 특별한

별, 그 별이 하찮은 다른 별들처럼 돌고 어쩌고

하다니 말이 되는가? 신성모독이다!

지동설 찬성학자 브루노는 화형에 처해졌고.

갈릴레이도 지동설 주창자로 죽음 직전까지 몰렸다가

이를 철회함으로써 간신히 풀려났다.

그의 유명한 독백 "그래도 지구는 돈다."

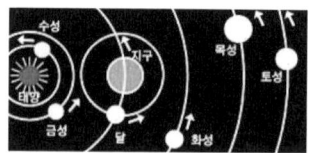

지동설이 뭐 그렇게 중요하냐고?

한마디로 이제까지의 서양사상을 송두리째 뒤

집어 놓는 결과를 가져왔다.

패러다임의 일대전환을 '코페르니쿠스 발상' 이라 한다.

지금은 상식처럼 되었지만 신의 섭리라 일컬었던 자연현상을

과학적인 시각으로 새롭게 바라볼 수 있게 한 지구사적 대사건이었던 것이다.

별똥별이 전해온 이야기

:

별똥별…

그 이름치고는, '별똥' 에… 별이라?

먼 옛날, 페르시아 왕자는 아라비아 공주와의 사랑이 이루어질 수 있을지를

별을 보고 점쳤다고 했던가?

하늘에는 반짝이는 별 만큼이나 신비스러운 사연 또한 많다.

인간의 불꽃놀이와는 달리 자연의 불꽃놀이는 외계로부터 시작된다.

만일 뉴턴(Newton)이 안개의 나라가 아닌 우리나라에서 태어났더라면 사과

가 아닌 별똥별에서 영감을 얻어 만유인력의 법칙을 발견했을지도 모를 일.

유성은 우주를 떠다니던 작은 천체가 지구의 중력에 끌려 낙하하는 과정에서

대기와의 마찰로 불타면서 불줄기를 이룬다.

대부분은 연소되어 버리지만 타다 남은 일부가 지상에 떨어지기도 하는데,

이것이 바로 운석(隕石, Meteorite)이다.

종류도 다양하여 철운석(Irons), 석철운석(Stony-Irons),

석질운석(Stones)으로 나누어지는데,

직접 목격하여 회수한 것을 관측운석 (Falls),

후에 찾아낸 것을 발견운석(Finds)이라 한다.

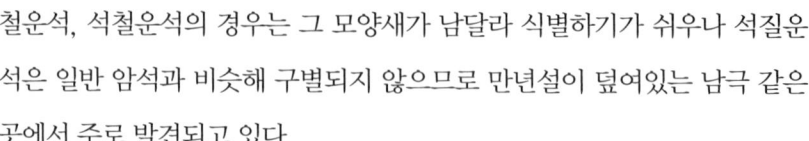

철운석, 석철운석의 경우는 그 모양새가 남달라 식별하기가 쉬우나 석질운석은 일반 암석과 비슷해 구별되지 않으므로 만년설이 덮여있는 남극 같은 곳에서 주로 발견되고 있다.

운석이 우리의 관심을 끄는 것은 지구상의 암석으로부터 얻을 수 없는 태양계 형성기의 귀중한 정보를 간직하고 있기 때문이다.

지구사에서 잃어버린 8억 년의 공백,

그 수수께끼의 실마리를 외계의 손님인 운석을 청해 들어보기로 한다.

지금도 우리 기억에 생생한 경탄과 감동의 장면, 1969년 7월 20일, 바로 달에 인간이 첫발을 내디던 역사적인 장면이다.

이에 앞서 같은 해 2월, 멕시코의 작은 마을 알렌데(Allende) 근처에서는 여느 때와는 달리 며칠에 걸쳐 많은 별똥별들이 밤하늘을 무대로 불꽃놀이를 펼치고 있었다.

때를 같이하여 이 지역에서는 상당수의 운석이 발견되었다.

여기서 수집한 운석들 중 일부가 미분화된 석질운석이었는데 이 돌의 연대를 측정해본 결과 놀랍게도 46억 년으로 밝혀졌다. 온 세상을 떠들썩하게 했고, 과학자들을 흥분의 도가니로 몰아넣었다. 왜 그랬을까?

알렌데(Allende)라고 명명된 그 운석에는 유리구슬 모양의 작은 콘드률(Chondrule)이 박혀 있었기 때문이다.

모래알 크기의 이 콘드률에는 지구상의 어떤 암석에도 찾아볼 수 없는 백색의 작은 입자가 포유물로 포집되어 있었다.

아마도 초신성(Supernova)의 대폭발에 따른 충격파의 영향으로 성간운(Intersteller cloud)이 응축되어 생긴 시원적인 물질로 보이는 이 백색의 입자야말로 우리가 속해 있는 태양계 생성을 둘러싼 수수께끼를 푸는데 결정적인 실마리를 제공해 주고 있는 메신저였던 것이다.

이 포유물 중에 포함되어 있는 광물의 산소 동위원소 구성 비율은 우리 태양계의 그것과는 아주 달랐다.

이러한 현상은 동위원소 조성비가 다른 두 가지 물질이 혼합된 경우에만 나타나는데 결론적으로 원시 태양계 성간운 구성은 원시 태양계 본래의 가스와 외계에서 날아온 이질적인 가스가 서로 혼합된 것이라는 사실이 밝혀진 것이다.

다시 한번 요약하면

원시 태양계가 생성되기 얼마 전에 그리 멀지 않은 곳에 수명이 다한 별이 있었다. 그 별이 폭발하여 초신성이 됨과 동시에 생애를 마감한다.

이때 폭발에 의한 충격파의 영향으로 성간운이 수축하게 되는데

이것이 태양계 탄생의 시작이다. 이 시점에 성분이 다른 인근 외계의 가스도 태양계 성운에 합류한 것으로 보인다.

결국 알렌데(Allende) 운석은 우주공간을 메우고 있었던 성운 가스로부터 원시 태양계가 만들어질 때, 최초에 응축된 가장 시원적인 물질임이 밝혀졌다.

이처럼 태양계 탄생의 계기가 초신성의 폭발이라는 우주의 기적적인 크나큰 사건과 함께였음을 우리에게 뚜렷하게 증언해주고 있는 것이다.

창세기의 돌 형제

⋮

인간 달에 서다!

(Man on the Moon!)

20세기 대사건 중의 대사건.

인간의 달 착륙(1969년 7월 20일)이 아닐까!

미 우주인 닐 암스트롱, 그가 우주선을 내려와 달 표면을 마치 슬로우 비디
오에서처럼 껑충껑충 걷던 장면!

놀라움과 흥분으로… 전 세계가 박수쳐 환호했다.

그때 그의 발길 따라 달 표면에 선명하게 남긴 발자국, 레골리스(Regolith)다.

영원히 잊혀지지 않을 역사적인 날…

달에는 물도 대기도 없고 풍화작용도 없으니, 우리가 흔히 밟고 다니는 흙
이 아니라면 레골리스, 그것은 도대체 무엇이며 어떻게 만들어졌을까?

제 17호까지 이어진 아폴로(Apollo) 계획을 통해 총 380kg의 달 암석을 지구
로 가져왔다. 이들의 연대를 정밀 측정해본 결과 그 암석 중 하나의 생성연

대가 46억 년. 이어 한바탕 난리가 났다.

과학자들은 서로 부둥켜안고 만세를 불러댔다.

그도 그럴 것이 그 암석 나이가 지구와 동갑내기인 46억 살, 결국 우리 태양
계의 구성가족이 따로 따로 만들어진 것이 아니라 동시에 생성된 것이라는
사실을 말해주고 있는 것이다.

이렇게 되면 이 암석은 성경에 나오는 창세기와 관련이 있기 때문에
창세기 돌(Genesis rock)이라는 이름표를 달게 되었다.

미 휴스턴 과학박물관에 전시되어, 유명세를 물며 오늘도 많은 사람들의 시
선을 끌고 있다.

앞서 알렌데 운석이 지구에 먼저 온 형이라면, 달에서 채집되어 우주인의
품에 안겨와 지상에서 극적인 해후를 하게 된 창세기 돌은 동생인 셈이다.

또 하나 궁금해하던 문제가 있었으니

바로 달을 곰보처럼 보이게 하는 크레이터(Crator).

그것이 어떻게 생겨났느냐 하는 문제다.

처음으로 망원경을 만들어 관측한 갈릴레이로부터 고
성능 천체망원경이 개발된 근세에 이르기까지 분화구냐 충돌구냐로 논쟁만
무성했던 수수께끼다.

문제가 있으면 해답도 있기 마련인가.

수백 년을 두고도 풀리지 않던 이 숙제가 인간의 달 착륙 단 한방으로 시원스
럽게 해결되었다. 그것은 운석의 충돌구였다.

우주인의 발자국을 선명하게 각인시켜 준 레골리스는 운석 충돌 때 달 표면

의 암석층이 빻아져서 생겨난 돌가루와 그 먼지로, 흔히 말하는 흙과는 다른 물질임도 밝혀졌다.

달 바다: 평탄한 현무 암지대로 깎은 면이 적은 다이아몬드처럼 빛을 반사하지 않아 검게 보임

그렇게 기대했던 계수나무도 없고

옥토끼도 만나지 못해 서운한 맘 컸지만

크레이터가 산 쪽에만 몰려 있고 바다에는 거의 없다는 것은, 바다가 산보다 뒤늦게 만들어졌을 뿐만 아니라 그 이후로는 운석충돌이 급격히 줄어들었음을 알려주고 있다.

그런 일이 있기 전에 큰 운석이 충돌하면서 그 충격으로 달 지각의 일부가 깨진 그 틈새로 용암이 흘러나와 상대적으로 낮은 지역이 용암으로 덮였고, 그 이후 달은 차차 식어가기 시작했고 끝내 내부까지 완전히 냉각되어 오늘의 달 모습으로 되었다.

달에서는 31억 년보다 젊은 암석은 발견되지 않는다.

어린애가 없는 집안에는 모든 물건들 원래 두었던 곳에 그대로 있듯이,

공기도 물도 없는 달에서 그 내부 활동마저 끝나버린 상태라 더 이상의 암석이 만들어지지 않는 것은 너무나 당연한 일이다.

달의 크레이터에 대한 관심은 마침 미·소간에 불꽃 튀는 우주경쟁의 열기를 타고 앞다투어 다른 행성으로도 퍼져 나갔으니… 마리나 4호가 보내온 화성사진을 받아본 과학자들은 놀라움을 금치 못했다.

이어 마리나 10호로부터 수신한 수성사진에서도 곰보 자국이 확인됐다.

달에만 있는 줄 믿었던 크레이터가 화성과 수성은 물론 그들의 위성에도 있음을 알아냈다. 이러한 일련의 과정을 거쳐 마침내 태양계 내 모든 행성과

그들의 위성에서도 크레이터가 있음이 밝혀지게 된 것이다.

그렇다면 지구는 어떨까?
지구도 태양계 가족이니 예외일 수 없을 터이다.
그런데 왜 지상에서는 크레이터가 보이지 않는 것일까?
사실 지표면에도 상당수의 크레이터가 있다. 다만 달이나 타 행성과는 달리
지구는 지각 판구조의 이동, 물과 공기에 의한 풍화작용 등으로 처음 모습은
거의 사라져 버린 데다 초목까지 어우러져 식별하기 어려운 것일 뿐이다.

그렇다고 너무 실망할 것까지는 없다.
왜냐하면 지구상에서 확인된 크레이터만 해도 100여 개나 넘는다.
제주도의 산굼부리, 캐나다의 매니쿠아간 등은
우리 궁금증을 풀어주기에 부족함이 없는 모습을
지금도 고스란히 간직하고 있다.

태양, 지구의 운명 그리고 인간

⋮

성간운에서 만들어져 원소의 합성으로
열과 빛을 내면서 자신의 존재를 알리는 별!
먹을 것이 다한 별은 최후를 맞게 되고 자신의 잔재를 우주공간에 흩뿌리면서 일생을 마친다. 이 과정에서 지속적으로 무거운 원소가 생성된다. 이들 원소는 행성계의 구성 물질이자 우리들 생명체를 만드는 재료가 되는 것이다.

인간은 우주의 무한한 시공간에 떠 있는 먼지처럼 작은 한 점, 지구에서 살아가고 있다. 우주의 관점에서 보면 미물 중의 미물이다. 별볼일없고 대수롭지 않은 존재일지도 모른다. 그런데 그런 인류, 그들은 대단하다. 왜냐고? 자신이 태어난 배경인 지구를, 태양계를 알고, 나아가 은하로 우주로 호기어린 눈망울을 반짝이고 있기 때문이다.

지구라는 아름다운 행성에서 살아가고 있는 나,
우주가족의 하나인 별인 우리의 태양,

그 별이 타고난 명을 다하는 날

지구도 그 운명을 같이 할 것이다.

숙명이다.

그렇게 되어 다시 우주로 되돌려질 것이다.

인간, 생물, 지구, 태양 그 어느 하나도 예외가 없는, 우주의 대법칙인 것이다.

머리를 들어 밤하늘의 반짝이는 저 별들을 바라보자. 어떤가!

지금 우리가 TV에 매달려 있는 이 시간대에면 조상들은 무엇을 하고 있었을까?

그들은 온가족이 옹기종기 별나라를 올려다보고 있었을까?

그때 그 북극성, 북두칠성. 지금도 그 별이 그별이고, 조상별이자 내 별이다.

저 별들도 언제인가는 운명의 날을 맞을 것이다.

그 다음의 세계는 있을까?

있다면 어떤 세상일까? 사르르 눈이 감긴다.

별이 별이지 태양이 별이라고?

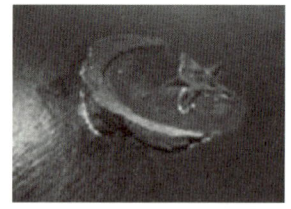

별은 5각, 다섯 뿔이다.
준장(one star), 소장, 중장, 대장(四星將軍)
유치원생 그림만 그런 것이 아니다.
그래서인지 '태양은 별이다.' 웃긴단다.
별이 별이지 어떻게 우리의 태양이 별이냐고?

설 추석 명절, 어김없이 민족 대이동이 시작된다.
너도 나도 고향으로, 엄마 곁으로다.
귀성길 고생길이라 했던가? 차량 행렬이 꼬리에 꼬리를 물고 있다.
그런데 TV 카메라에 잡힌 그 많은 전조등 불빛이 하나같이 별빛 모양새다.
아름다운 별들의 주마등, 줄별이다.

태양은 별이다. 밤하늘의 무수한 별들과 같은 형제 별인 것이다.
파라오를 비롯한 이집트의 역대 왕들은
태양신 라(Ra)와 통하고자 피라미드를 만들었을까?

태양은 태양계의 중심에 자리하여 지구를 비롯한 8개 행성과, 그 가족들인 위성 혜성 · 유성 등의 운동을 직 · 간접으로 관장하고 있다.

밤하늘에 빛나는 크고 작은 별들. 그 별을 알고 싶으면 먼저 태양을 보라. 지구에서 가장 가까운 별이다.

광구와 쌀알무늬 흑점 코로나, 채층, 플레어, 홍염 등 여러 가지 현상을 관측할 수 있는데 북두칠성을 비롯한 모든 별들에도 이와 똑같은 현상이 일어나고 있다. 태양의 밝기는 절대등급 4.83으로 우주에서는 어두운 편인 보통 별에 지나지 않는다.

지구—태양 간 평균거리 1억 4,960만 km다.

1.5억km = 1 천문단위(Astronomic Unit)

태양계 전체 질량의 99.8%를 차지하는 태양

지구질량의 33만 배에 달하는 10^{33}g.

평균밀도는 지구의 약 1/4인 1.41g/cm^3.

태양의 구성물질은 99%가 수소인 기체 덩어리다.

수소 핵융합 반응으로 에너지를 만들어낸다.

향후 50억 년 정도는 더 핵융합 반응을 할 수 있는 만큼의 수소를 갖고 있다.

인류가 이용하는 에너지의 99.9%는 태양에 의존한다.

수력 · 풍력도 모두 태양에서 비롯됐고, 나무 · 석유 · 석탄도 태양열을 저장한 것이다. 오직 조석력(潮夕力) · 화산 · 온천 · 원자력 등 극히 일부만이 예외다.

태양의 표면 온도는 약 6,000K이다.

태양의 내부는 직접 관측할 수 없고, 표면의 상태로부터 이론적으로 추정한다.
현재 태양의 중심부는 온도 $1.571 \times 107K$, 압력은 약 30억atm인 초고온·
초고압의 기체로 이루어졌다.
태양과 지구간 평균 거리 1억 5천만 km, 어떻게 이럴 수가!
조물주는 위대했다. 참으로 놀랍다.
지구가 그 보다 더 멀었거나 더 가까이였다면 지구상에 생명체가 태어나 인
간과 같은 고등생명으로 진화하지 못했을 것이다.

겨울철 양지바른 곳에, 고양이가 졸고 있다.
어린아이들 옹기종기 모여 깔깔거리며 놀고 있다.
햇님이 보내주신 따스함 덕이다.
이 빛이 우리에게 전달되는 데에 8분 20초가 걸린다.
아침에 솟아오르고 저녁노을과 함께 지고 구름에 가리면 보이지도 않는 별,
태양.
밤하늘의 많은 별처럼 그저 그런 대상인가?
아니(No)다!
태양이 사라지면 8분여 후엔 끝이다. 지구의 종말인 것이다.

모든 생명체의 절대 절명의 에너지원이며 빛이고 젓줄이다.
식물이 자라고 물고기가 헤엄치고 새들이 노래한다.
고마운 태양, 태양신 조상들만 그런 것일까?
현대인도 그렇고, 너도 나도 그렇다.

03

파란 행성,
땅이 열리고

詩想
001

지구는 파랗다

작고 푸른 점 하나

:

"지구는 파랗다!"

세계 최초의 우주인 유리 가가린의 감탄이다.

칠흑 같은 우주, 그 드넓은 공간에 찬연히 빛나는 작은 푸른
점 하나, 그 이름 지구! 생명을 품었기에 그처럼 경이로운 것
인가! 그래서 그토록 눈이 시리게 아름다운 것인가!

우주인들의 하나같은 목소리… "우주에서 본 지구의 모습은 너
무나 아름다웠습니다."

"내가 지금까지 느껴왔던 것 너머에 무엇인가가 있다."

"지구상의 모든 문제들은 덧없는 것처럼 느껴진다."

"뭔가 커다란 깨달음을 얻은 사람이 된 것 같은 기분이다."

"개인 위주의 가치관이 사라지고 보다 넓은 가치관에 눈 떠지는 자신을 발견하
게 된다."

"지구를 더 이상 오염시켜서는 안 된다."

"인간은 서로 사랑하면서 살아야 한다."

우주인들의 감격어린 감탄이자 심경토로다. 〈다치바나 다카시〉

우주체험을 통해서
우주인들의 마음속에 동면하고 있던 의식이
눈뜬 것으로 볼 수 있지 않을까?
극과 극은 통하고 대우주와 소우주는 그래서 만난다고 했던가.
우주의 기원과 생명,
특히 인간을 탄생시킨 대자연의 신비는
우리를 놀라움에 찬 감탄으로 떨리게 한다.

다른 행성에도 생명이 있을까?
아직은 알 길 없고 알지도 못한다.
오늘도 수많은 과학자들이 열심히 찾아 나서고 있지만,
지금 이 순간도 아무런 실마리를 찾지 못하고 있다.
그것을 알 날이 과연 언제쯤일까?
아니면 영영 알 길 없는 것일까?

원시 지구의 탄생

.
.
.

태초에,

태양을 어머니로 아홉 자매를 두었으니,

셋째를 두고 그 이름, 지구(Earth)라 했다.

아기지구의 탄생을 크고 작은 별똥별이 불꽃놀이로, 마그마 붉은 융단을 깔아 환호하고 축복하고 또 축하했다.

수많은 축배가 모여 바다가 되고 그 푸르름의 요람에서 생(生)이 점지되니,

오! 아름다움이여, 단하나 밖에 없는 생명의 지구여!

지구는 몇 살쯤일까?

처음으로 지구가 생성되었을 때도 오늘날처럼 생물이 살 수 있는 그런 환경이었을까?

지구 나이 46억 살. 그때 우리 태양계에서 멀지 않는 곳에서 늙은 별이 생을 마감하며 초신성으로 폭발, 그 충격파로 성간운이 수축되면서, 태양이 생겨났다.

때를 같이해 행성가족도 태어난 것이다.

원시 지구, 그 크기가 지금 지구의 절반쯤이었던 때 어떤 원인인지는 알 수 없지만 태양계 내 모든 행성들 위로 크고 작은 별똥별들이 소낙비처럼 쏟아졌다.

천지가 울리고 바위가 날고 불꽃이 튀고 말 그대로 별들의 전쟁, 상상을 초월하고도 남을 대 우주 쇼가 펼쳐진 것이다.

원시 지구라고 예외일 수 있었겠는가!

오늘날 지구상에 남아있는 운석공은 그 직경이 10m~100km로 다양하다.

이로 미루어 상상할 수 있겠는데 집채만한, 남산만한 바위 덩어리에서부터 백두산만한, 서울 인천 경기도를 다 합친 것 만한 그런 크고 작은 별똥별들이 시속 70,000km의 무서운 속도로 원자탄 수백, 수만 개에 달하는 폭발…

땅이, 하늘이, 천지가 튀고… 이러한 광경을 두고 제대로 표현할 말을 찾지 못하는 것이 한스러울 뿐이다.

이 엄청난 별들의 전쟁(Star Wars)은 지구 역사 48억 년 중에서 잃어버린 8억 년 세월 동안 계속된 것으로 보인다.

부싯돌을 치면 불꽃이 일어난다.

별똥별이 낙하하다가 대기권에 접어들면 공기와의 마찰로 불덩어리가 되어 떨어진다. 그런데 충돌, 그것도 소행성과 같은 거대한 물체가 충돌할 때에는 이와는 비교가 안 되는 엄청난 에너지, 즉 충돌 열이 발생한다.

이제 다시 원시지구로 눈을 돌려보자.

충돌하면서 열이 발생한다. 충돌이 계속되면서 더 많은 열이 발생, 쌓여간다. 거기에다 대기의 온실효과, 열 보존효과까지 겹쳐져 열손실을 막아 놓았으니 그 다음은 어떻게 되었겠는가?

지표의 온도가 점점 상승, 또 상승을 거듭했고, 그렇게 되다보니 융점이 낮은 물질부터 녹기 시작한다. 이렇게 해서 그 용융 범위를 주변으로 점점 확대해 나가다가 마침내 암석마저 녹아내리기에 다다르니, 원시 지구 전체가 하나의 불물덩어리로 되고 만다.

이렇게 해서 불물이 파도처럼 넘실대는 장면을 어찌 상상으로 나마 그려볼 수 있겠는가! 놀라운 세계, 불물바다, 마그마 바다!

물과 기름을 섞으면 가벼운 기름이 뜨는 것처럼, 철, 니켈 등 무거운 물질은 가라앉고 상대적으로 가벼운 바위 녹은 것 등은 표면으로 떠올랐을 것이다.

지구가 왜 둥근 모양을 하고 있으며 핵, 맨틀, 지각이 어떻게 만들어졌고 지구중심에 무거운 원소가 자리 잡고 있는지 궁금했을 것이다.

앞서 지구의 나이가 46억 년이라고 했는데, 왜 그 나이의 암석은 발견되지 않는지도 알게 되었을 것이다.

폭포비가 바다를 이루고

:

거대한 불물덩어리가 된 지구
마그마 바다가 만들어졌다.
액체인 마그마가 원시 대기중의 수증
기를 흡수하게 되니
그에 비례해 원시지구 대기층은 얇아져 간다.
결과적으로 열방사 효율이 좋아지고, 이로 인해 열이 빠져나가게 되니 마그
마 표면도 차츰 식어가는 결과로 이어진다.
때맞추어 그처럼 맹렬했던 별똥별의 충돌 또한 뜸해졌다.
외부에서의 열 공급도 따라서 줄어드는지라 그와 같은 기적에 기적이 겹쳐
져 지표면도 온도가 내려가고, 대기도 서서히 식어가기 시작했다.
이렇게 해서 마그마가 굳어 딱딱한 고체로 변하자 액체 때 머금었던 수증기
를 내뱉게 된다. 대기층은 다시 원상태로 되돌아갔음은 당연한 일이다.

물을 전기 분해하면 수소와 산소가 나온다. 수증기는 물의 기체 상태에 다
름 아니다. 태양의 강한 자외선에 의해 수증기의 광분해가 일어난다.

앞서 지각 냉각을 가져온 기적이 일어나지 않았더라면 광분해가 계속되어 여기에서 생긴 산소는 산화물질로, 수소는 가벼워 외계로 날아가 버리고, 그렇게 되어 지구의 바다는 영영 생겨나지 못했을 터이다.

대기 중 수증기는 약 3%인데 비해 원시지구의 수증기는 자그마치 80%에 달했고, 나머지 20%는 탄산가스였다.

대류권은 불과 12km 정도인데 비해, 당시의 대기는 400km의 높이에까지 치솟아 있었다. 마그마가, 지표가 점차 식어가고, 따라서 대기온도 또한 내려가니 이런 상황이 바로 안개가 발생하는 조건이다.

원시대기에 구름이 생기기 시작하고, 차차 그 수를 더해가고 범위도 넓어져 간다.

이어 거대한 먹구름 덩어리로 변하더니, 마침내 어디에서부터인지는 알 길 없지만 지구 최초의 빗방울이 듣기 시작한다.

한번 비가 내리기 시작하니, 지표가 식어들고,

따라서 기온도 덩달아 내려가면서,

구름이 구름을 낳고, 비가 비를 부르니, 구름 천지, 비 천지, 물 천지!

어찌 우리가 이런 광경을 상상으로나마 가늠할 수 있을까 싶다.

영화 《허리케인(Hurricane)》의 극적인 장면, 노아의 대홍수를 떠올려 보았지만 어림도 없다, 턱없이 못 미친다.

원시 대기중의 수증기 양이 $1.9 \times 10^{21} \text{kg}$으로 추정되는데

현 지구상의 물의 총량이 1.5×10^{21}kg이다.

이것은 무엇을 말하는가?

바다를 포함한 지상의 모든 물이 한때 원시지구 대기 중의 수증기였으며

이것이 비가 되어 한꺼번에 쏟아져 내렸으니

비에 비, 홍수에 홍수, 폭포에 폭포가 연달아

또 하나의 기적, 그것은 바다!

그렇다, 이렇게 해서 지구라는 행성에 극적으로 바다가 만들어진 것이다.

수증기가 비로 빠져나가 바다를 이루자

그 후 원시 대기의 주역은 탄산가스 차지가 됐다.

이 또한 바다에 녹아들어 탄산염─석회암으로 되어간다.

이렇게 대기 중 탄산가스가 줄어드니

온실효과 급감, 대기층 축소로 이어진다.

이때를 기다렸다는 듯, 두터운 구름을 비집고 그 틈 사이로

원시 태양이 처음으로 지상에 얼굴을 내민다.

오! 찬란한 태양,

드넓은 바다 너머로 태양은 빛나고,

대기는 질소를 주성분으로 재구성되기에 이른다.

이렇게 해서 마침내 지구는 생명의 행성으로서의 일차적인 준비를 끝낸다.

연옥과 별천지

：

태양과 목성 사이 작은 점 4개,

그 중 연 푸른색을 띤 한 점, 바로 지구다.

너무나 작다고?

그런데 아니다.

실은 너무 크지도 작지도,

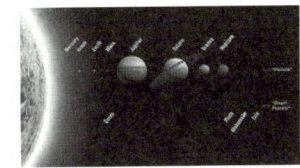

태양으로부터 너무 가깝지도 멀리도 떨어져 있지 않다.

알맞은 위치, 행운에 행운, 기적에 기적이 겹친 것이다.

태양계 행성들은

철, 니켈, 규소와 같은 무거운 원소로 만들어진 지구형 행성과

수소, 헬륨 등 가벼운 원소로 이루어진 목성형 행성이 있다.

수성, 금성, 지구, 화성이 전자, 목성, 토성, 천왕성, 해왕성이 후자에 속한다.

나머지는 그만두고라도 이웃해 있는 형제 행성들을 한번 눈여겨보자.

우선 금성, 비너스(Venus).

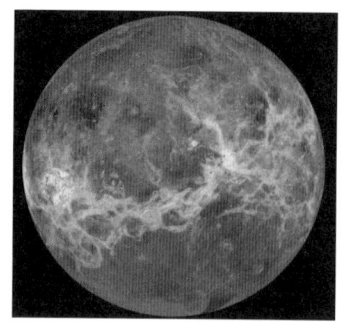

멋진 그 이름과는 너무나 딴판이다.

수성에 이어 두 번째로 태양에 가깝다.

때문에 지각의 냉각은 지구보다 상대적으로 느리게 진행된 반면,

태양의 복사광에 의한 물의 광분해는 보다 빠르게 진전되었다.

대기 중의 엄청난 양의 수증기가 비로 되기도 전에 분해되어 버린 것이다.

그래서 바다를 이루지 못한 채 영영 연옥의 땅으로 되고 말았다.

화성(Mars)은 어떨까?

수로와 같은 복잡한 지형, 몽돌 등이 많이 있는 것으로 미루어 한때 바다가 생겨났음을 말해주고 있다. 그러나 지구보다 태양으로부터 상대적으로 먼 거리에 놓여 있어 그 바다 물을 액체 상태로 계속 유지하도록 하는 태양으로부터의 적절한 열 공급을 받을 수 없었다.

뿐만 아니라, 질량 또한 지구의 1/10에 불과한지라 수증기를 포함한 공기를 붙들어둘 수 있는 힘, 즉 중력이 약했기 때문에 화성 공기 대부분이 외계로

빠져나가 버렸다. 결과적으로 생명체가 발 붙일 수 없는 불모의 동토로 전락하고 만 것이다.

이처럼 생김새도 비슷하고 바로 이웃해 있고 생성과 진화과정도 거의 같지만 금성은

대기 온도가 450℃나 되는 탄산가스로 꽉 찬 불가마 연옥으로, 화성은 물도 없고 공기도 희박한 냉장실의 동토로 되어 버렸던 것이다.

그런데 지구만이 너무 춥지도 덥지도 않을 뿐만 아니라 바다까지 만들어지는 기적에 행운이 겹쳐져 생명의 행성이 생겨난 것이다.

놀라운 현대과학으로도, 수없는 시도에서도
또 하나의 생명행성을 찾지 못한 채다.
어쩌면 이 우주에 단 하나밖에 없을 수도 있다.
이 얼마나 놀랍고 경탄스러운가!

해도 달도 둥글, 이슬도 둥글

⋮

천창창(天蒼蒼), 야망망(野茫茫), 해평평(海平平)
칭기스칸이 말 달리던 몽고벌판, 끝없이 펼쳐져 있다.
가도 가도 끝나지 않는 바다의 수평선.
내가 몸담고 있는 이 땅이 공처럼 둥글단다.
걷고 또 걷고, 보고 또 보아도 영 아닌데?

월식 때 둥근 원판이 보름달을 잠식해 들어간다.
그 원판이 다름 아닌 지구의 그림자란다.
한 눈에 보아도 지구가 둥근 것을 알 수 있다.
오랜 옛날에도 알 만한 사람은 다들 알고 있었

다는데
오늘에 와서도 마냥 헤매고 있는 나,
멍인지 청인지 원!

지구가 정말 둥근 것일까?

해나 달 보듯 지구를 볼 수는 없을까?

달 표면에서 우주인들이 본 파란 행성, 아름다운 사파이어 공.

내 눈으로 직접 한번 볼 수 있다면 얼마나 좋을까?

못 본 것이 아쉽지만 이제는 믿지 않을 수 없게 됐다.

해님 둥글, 달님 둥글, 별님 둥글, 지구님 둥글, 모두 다 둥글 둥글이다.

둥근 태양은 이해가 간다. 표면장력이다.

수소가 대부분인 기체로 되어 있기 때문이다.

지구와 달은 어떻게 된 것일까?

산도 있고 바위도 있는데 어떻게 둥글까?

그들도 어느 한 때는 액체였음을 말해준다.

온통 불물의 공 지구, 상상이 가는가?

화산의 용암을 떠올려보자.

물 흐르듯이 흘러내린다. 높은 데서 낮은 곳으로.

바위도 유리도 고온에서는 녹아내린다.

어떻게 해서 녹는지는 애기 지구에서 알고 왔다.

전지구가 용융상태이던 그 먼 옛날,

아침 풀잎의 이슬방울처럼 크나큰 불물방울이 만들어진 것이다.

그 불물덩어리가 그대로 식어 굳어진 모양새, 그래서 지구는 둥근 것이다.

사람은 오뚜기가 아니다.

서 있는 것보다 앉아 있는 게, 앉아 있는 것보다 누워있는 게 더 편하다.

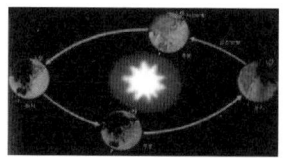

왜 그럴까?

서로가 서로를 끌어당기고 있기 때문이다.

중력, 달리말해 만유인력(萬有引力)인 것이다.

지구가 하늘에 둥둥 떠 있단다.

해도 달도, 그리고 행성도 별들도 은하도

드넓은 우주 공간에 둥실둥실 떠돌아다닌다.

그러면서도 지구는 하루에 한 바퀴 스스로 돌고

태양주위를 4계절을 수놓으며 어김없이 떠돈다.

이를 우리는 각각 자전(24시간)과 공전(365일)이라 한다.

63빌딩은 우뚝 서있다. 지구의 북반구, 위쪽이니까 그렇다 치자.

그럼 반대편 남반구 호주나 뉴질랜드에 가는 것은 자살행위에 다름 아니다.

왜냐하면 거기가면 끝없는 낭떠러지로 그만 곤두박질치고 말 것이기 때문이다.

그런데도 아니다. 시드니 사람들도 꼿꼿이 선 채 잘만 걸어 다니고, 그곳 바닷물도 쏟아져 내리지 않은 채 남태평양은 도도하다.

만유인력의 세계와 감각세계－경험세계는 이토록 다른 것이다.

詩想
002

축복받은 행성,
그 이름 지구

. . .

고마운 목성 그리고 행성가족

⋮

"2035년, 소행성이 지구를 쓸어버릴 수도 있다."

러시아 과학자 샤오(Viktor Shor)가 소행성 충돌 가능성을 경고하고 나서

우리를 놀라게 했다.

"소행성이 2035년 지구와 충돌할 예정이
며, 충돌 후에는 지구상에 생명이 사라지
게 될 것이다."

만약 직경 500m급 소행성이 바다에 떨어

지면 높이 200m짜리 해일이 일어날 것이란다.

만약 직경 10km짜리 소행성이 부딪치면 해일 높이는 4km에 달하고

육지에 부딪친다면? 상상만 해도 온 몸이 공포로 굳어온다.

과학자들은 "수백만 년 전에 이와 비슷한 소행성 충돌로 지구상의 생명체
중 90%가 사라진 적이 있다"고 밝힌 바 있다.

태양계 행성 중 가장 큰 목성, 나머지 7 행성의 질량을 모두 합친 것의 2.5
배다.

단단한 고체표면이 없는 목성은 수소와 헬륨으로 구성되어 있고

메탄, 암모니아, 물이 조금 섞여 있다.

그 크기는 지구를 1,000개 집어넣을 수 있을 만큼 크다.

슈메이커-레비 혜성 목성 충돌자국
(아랫부분)

1994년 7월 태양계에 혜성이 나타났다.

발견자들의 이름 따라 슈메이커-레비

(Comet Shoemaker-Levy 9).

그 혜성 21개가 줄지어 한 주에 걸쳐

목성을 향해 차례로 돌진했다.

선명한 자국이 보이는가?

목성 남반구를 강타한 것이다.

만약 이 혜성이 지구에 충돌했더라면 어찌되었겠는가?

길목을 지키다 지구멸망을 자신의 몸으로 막아준

"목성님, 감사합니다!"

달이 없어지면 월광곡만 사라질까?

:

꽃 속에 술 단지 마주 놓고 짝 없이 혼자서 술잔 드네

밝은 달님 잔 속에 말하니 달과 나와 그림자 셋이라

달님은 본시 술 못하고 그림자 건성 떠돌지만

잠시나마 달과 그림자 함께 나서, 모름지기 봄철 한때나 즐기고자

내가 노래하면 달님은 서성대고 내가 춤을 추면 그림자 따라 춤추네

취해서는 함께 어울려 놀고 깨어서는 각자 흩어져 가네

영원히 엉킴 없는 정을 맺고자 아득한 은하에서 다시 만나리 〈李白〉

달은

술과 다정한 친구처럼, 연인처럼 잘 어울린다.

아리따운 여인의 눈썹 같은 초생달, 하얀 쪽배의 반달, 휘영청 대보름달,

이런 달이 사라진다면 과연 어떻게 될까?

많은 시인들의 시심이 크게 줄어들 것 같고, 베토벤의 월광곡이, 어린이들

의 반달 동요가 뜻을 잃을 것이다. 여기에 그치지 않고 문제는 더욱 심각해서 우리의 생명까지도 지탱하지 못할 것이다.

지금 당장 달이 없어진다면 어떤 일이 벌어질까?

우선 밀물과 썰물의 차가 현재의 1/3로 줄어듦에 따라 지구 생태계에 큰 변화를 가져올 것이다.

둘째, 하루의 길이가 짧아질 것이다. 조력에 의한 마찰이 급격히 줄어들기 때문에 지구의 자전이 빨라진다. 현재 24시간인 하루는 8시간으로 단축되어 밤낮이 3번 반복될 것이다.

마지막으로 빠른 자전으로 인해 바람이 매우 강해질 것이다.

지구상에서 가장 강한 바람은 태풍! 시속 130km로 알려졌다. 달이 없는 경우는 300km/h의 초강풍으로 돌이 날고, 사람이, 자동차가 날리고… 천지가 온통 최강의 토네이도(Tornado) 속에 던져지게 될 것이다.

어디 그뿐인가!

그 강한 바람을 타고 밀려드는 파도는 해일처럼 지상 곳곳을 사정없이 휩쓸어 버릴 것이다. 이런 상황 하에서는 인간이 오늘날 누리고 있는 것과 같은 그런 평화로운 삶을 영위할 수 있겠는가!

비록 가상의 세계이지만 상상 자체만으로도 두려운 마음에 온 몸이 저려오는 것만 같다.

이처럼 고마운 달은 어떻게 만들어졌을까?

지구의 일부가 분열되었다는 '친자설',

달도 지구와 함께 생성 · 성장했다는 '형제설',

다른 천체가 지구 근처를 지나다가 잡혔다는 '포획설',

화성 크기의 미행성이 충돌하면서 지구의 맨틀이 깨지면서 튀어나간 물질

들이 다시 모여 만들어졌다는 '충돌설',

현재로서는 충돌설이 타당한 설로 알려지고 있으나 아직도다.

대 자연의 경의에 다시 한 번 놀라면서

잘난 체 거들먹거려온, 그래서 자연에 대해 오만했던,

감사할 줄 몰랐던, 자신을 되돌아보게 된다.

'가기도 잘도 간다. 서쪽 나라로.'

고마운 지구자석, 그리고 자기장

:

태양 코로나에서 방출된 높은 열에너지(플라스마), 태양풍(solar wind).

태양 코로나와 같이 73%의 이온화 수소와 25%의 이온화 헬륨, 그리고 일부 불순물로 구성되어 있다. 양성자와 전자로 이루어진 강력한 대전 입자이기 때문에 지구 생명체에 치명적인 장해를 초래할 수도 있는 태양풍.

참으로 다행한 것은 다른 행성과 달리 우리 지구는 그 자체가 하나의 거대한 자석인지라 지구의 자기장이 튼튼한 방어벽이 되어 태양풍을 잘 막아주고 있다. 이렇게 고마울 수가!

지구 자기장이 혜성처럼 뒤틀린 것은 태양풍 때문이란다. 자기장은 가운데가 제일 멀고 양 극부분은 거의 자석에 맞닿아 있다. 그러니 극지방에는 공백이 생길 수밖에…

지구에 도달하는 대부분의 태양풍은 지구의 자기장 밖으로 밀려나고, 그중 일부가 지구 자기장을 타고 나선형으로 맴돌면서 지구의 양 자기극 쪽으로 쏟아진다.

하강한 대전입자는 100~500km 상공에서 대기와 충돌하면서 이온화하는데

이 과정에서 가시광선과 자—적외선 영역의 빛을 낸다. 이 가시광선 영역이 바로 극광, 그 아름다운 오로라인 것이다.

태양에서 날아온 전기를 띤 입자가 지구자기장과 부딪쳐 일어나는 일종의 방전현상이 그토록 오묘한 오로라를 만들어내는 것이다.

오로라의 색깔은 대전입자와 충돌하는 원자의 성질에 따라 달라진다.

오로라를 스펙트럼으로 분석해보면 대기 중에 제일 많은 질소분자이온 N+ 과 산소원자 O의 방출에 기인된다.

고마운 자석—지구 그리고 그 자기장, 오늘의 나를 있게 하기 위해 우주는 그렇게도 넓은 사랑의 품을 가졌나 보다.

물의 행성, 생명수에 담긴 비밀

:

여기서도 퐁퐁 저기서도 펑펑 흔하디 흔한 물… 그래서 물처럼 쓴단다.

한바탕 땀을 쏟은 후 들이키는 한 바가지 물, 속이 다 후련해진다.

음식은 안 먹어도 한두 주 견딜 수 있지만 물 없이는 며칠도 버티지 못한다.

우리네 인간. 몸의 70% 이상을 차지하고 있는 것이 물이며, 피를 흐르게 하고 숨을 쉬게 해주고 근육을 움직이게 해 주며 체온조절을 해주는 것도 물이다. 얼마나 귀하고도 고마운가!

지구표면의 3/4을 차지하고 있는 물, 그 형태도 다양하다.

구름으로 비로, 눈으로 얼음으로, 그런가하면 옹달샘으로 무지개로, 강으로 바다로 우리와 친근하기 그지없다.

하나의 산소 원자 양쪽에 수소 원자 하나씩 간단한 구조(H_2O)로 된 물, 그러나 그 행동은 결코 간단치 않고 성질 또한 다양하다.

일반물질의 분자구조와는 달리 물의 경우는 무슨 조화인지 직선형이 아니고, 기막히도록 정교하게 설계된 $104.5°$의 각을 이루고 있다. 바로 여기에 물이 생명수로 될 수 있는 비밀이 숨겨져 있는 것이다.

이처럼 각도를 이루
고 있기 때문에 비대
칭적이며, 극성(+ −)
을 간직하게 된다.

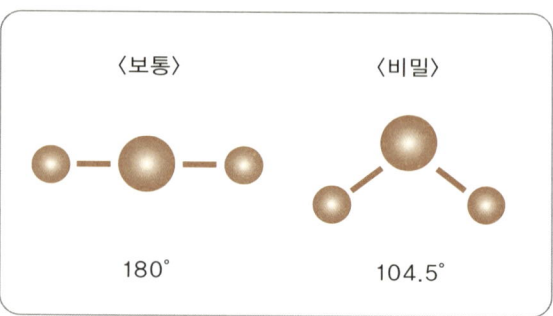

〈보통〉 180° 〈비밀〉 104.5°

달리말해 물 분자 하
나하나가 음극, 양극
을 띈 자석인 셈이다. 따라서 물 분자들은 서로 들러붙으려는 성향이 있기
에 토란잎의 물방울이나, 풀잎의 이슬이 둥글게 맺히고, 빗방울도 둥근 모
양새를 한 채 내린다.

자석을 불에 달구면 자성을 잃듯이 물 분자도 100℃에 이르면 서로 떨어져
수증기로 된다. 만약 물 분자가 직선형이라면, 어떤 일이 벌어질까?
이 경우를 가상, 분자량과 비례 관계를 적용하여 계산해 보면 물의 빙점은
섭씨 영하 80도, 비등점은 영하 65도 가량 된다. 남극과 북극에서 저절로 물
이 끓어오르는 상태다.
이렇게 되면 지상의 모든 물은 기체 상태로만 존재한다는 이야긴데…
그런 환경 속에서도 생물이, 인간이 살아남을 수 있겠는가?
그래서 체온 가까이에서 액체 상태로 있을 수 있도록 물 분자의 설계가 굽
어진 것이란 말인가? 또 한 번 감탄이다.
쇳물에 쇳조각을 집어넣으면 가라앉는다. 고체의 비중이 액체에 비해 크기
때문이다.
그런데 왜 물 잔에 얼음(고체)을 넣으면 뜨는 것일까?

여느 물질과는 달리 4°C 때 비중이 제일 높은 물, 그 현상 그 자체만으로도 재미있으려니와 고맙기 그지없다. 그래서 물은 표면부터 얼기 시작한다. 백두산 천지의 얼음장이 차가운 기온을 막아주는 방한벽 역할을 해주기 때문에 영하 40도 이하의 혹한 속에서도 바닥은 얼지 않아 어패류, 수초가 살아남을 수 있는 것이다.

눈 내리는 들판, 신나게 삼삼오오 모여드는 어린 아이들, 폴짝 폴짝 뛰어다니는 강아지들… 어찌 그들뿐이겠는가, 서설이고 은세계다. 자연이 만들어낸 가장 섬세한 예술작품 중의 하나이기도 한 눈, 이들 눈송이들은 다들 육각형 모양을 하고 있는데, 이는 물 분자들이 서로 연결되는 방식이 그러하기 때문이다. 그래서 좋은 물을 육각수라고 한다.

하늘 높이 자란 나무
끝까지 수액을 밀어 올리는 괴력의 수수께끼,
우리 몸 구석구석 세포 하나하나에 영양분과 산소를 전달해줌으로써
생명현상을 가능케 한 공로자다.
상쾌한 아침, 물 한 잔으로 건강을… 즐거운 하루를 맞이하자.

망망 우주에
창백한 점 하나

명왕성에서 본 지구

:

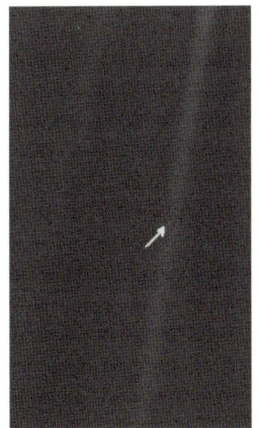

보이는가?

여기가 우리의 고향이다. 믿어지는가?

비교적 가까운 태양계 가족인 명왕성에서 본 지구.

우리가 사랑하는 모든 이들,

우리가 알고 있는 모든 사람들,

당신이 들어 봤을 모든 인사들,

역사에 있었던 모든 사람들이

이곳에서 삶을 누렸다.

우리의 갖가지 즐거움과 고통들,

모든 영웅과 비겁자, 문명의 창조자와 파괴자,

왕과 농부, 사랑에 빠진 젊은 연인들,

모든 아버지와 어머니들, 희망에 찬 아이들,

발명가와 탐험가, 선생님들, 타락한 정치인들, 슈퍼스타, 최고 지도자들,

인간역사 속의 모든 성인과 죄인들,

그들 모두가 여기 태양 빛 속에 부유하는 작은 점 하나에서 살았단 말인가.

지구는 우주라는 광활한 곳에 있는 너무나 작은 무대.

승리와 영광이란 이름 아래, 이 작은 점의 극히 일부를 차지하려고 했던 역

사 속의 수많은 정복자들이 보여준 피의 역사를 생각해 보라.

이 작은 점의 한 모서리에 살던 사람들이, 보여주었던 잔혹함을 생각해 보라.

서로를 얼마나 자주 오해했는지, 서로를 죽이려고 얼마나 애를 써왔는지,

그 증오는 얼마나 깊었는지 모두 생각해 보라.

이 작은 점을 보고 있노라면

우리가 우주의 특별히 선택된 곳에 있다는 주장들을 의심할 수밖에 없다.

우리가 사는 이곳은 암흑 속 외로운 점일 뿐이다.

이 광활한 어둠 속의 다른 어딘가에

우리를 구해줄 무언가가 과연 있기나 할까?

이 사진을 보고도 과연 그런 생각이 들까?

이 사진보다, 우리의 오만함을 쉽게 알게 해주는 것이 존재할까?

이 창백한 푸른 점보다, 우리가 아는 유일한 고향을 소중하게 다루고,

서로를 따뜻하게 대해야 한다는 것을

그처럼 절절하게 보여주는 것이 따로 또 있을까? 〈칼 세이건〉

온통 검은색 바탕에

창백하게 보일락 말락 초라한 점 하나

Pale Blue Dot!

보이저 1호는 1977년 9월에 지구를 떠났다.

1976년부터 1980년 사이에는

목성, 토성, 천왕성, 해왕성, 명왕성이 거의 일렬로 놓여서

외행성 탐사에 더 없이 좋은 시기로서,

175년 만에 한번씩 찾아오는 절호의 기회였다.

이 외로운 우주의 방랑자(Voyager 1)가 화성 목성 토성의 궤도를 차례로 거쳐

명왕성 부근을 지났던 것이 1990년 2월, 지구로부터 64억km 떨어진 거리,

태양계의 마지막 행성, 해왕성 궤도 밖으로 벗어나면서 찰카닥,

사진 한 장을 지구로 날린다. Pale Blue Dot! 〈NASA〉

프랙털

:

라틴어 프랙투스(fractus)에서 온 '프랙털(Fractal)'은 '조각난'이라는 뜻이다.

만델브로트가 자신의 저서 《자연의 프랙털 기하학》을 통해 기하학적 풍경

의 불규칙성을 나타내며 처음 사용한 말이다.

프랙털의 핵심적인 특성은 한 부분을 확대해 보면

전체의 모습과 닮아간다는 것.

자기 유사성을 갖는 기하학적 구조인 것이다.

바다의 해안선을 보면 매우 구불구불하다.

그런데 어느 한 부분을 계속 확대해 보면

그 구불구불한 정도는 전체 해안선의 형태 그대로다.

이와 같은 자기 유사성은 비단 해안선에 그치지 않고

아름다운 눈송이, 식물의 구조, 구름의 모양새, 하천의 흐름, 산맥형성 등

우리주변 어디에서나 찾아볼 수 있다.

프랙털은 카오스에 내재한 질서 구조다.

카오스가 복잡하면서도 하나의 질서를 지니는 것은 바로 프랙털 때문.

고사리처럼 부분이 전체이고 전체가 부분인 닮은 모양을 하고 있으면서

이런 과정을 끊임없이 반복하는 특징이 있다.

나무는 햇빛을 조금이라도 낭비하지 않고 광합성에 이용할 수 있도록
잎이 빈틈없이 나무 전체를 뒤덮고 있다. 어떻게 그것이 가능할까?
나뭇가지는 일정한 길이의 비(比)가 될 때마다 두 개의 가지로 갈라진다.
산소를 빈곳 없이 골고루, 바로 프랙털 구조다. 어느 곳을 찔려도 피가 난
다. 실핏줄이 우리 몸 전체에 깔려 있는 것이다.
프랙털, 그 때문이다.

카오스

카오스(Chaos)는

그리스어 '크게 벌린 입(khaos)' 에서 왔다.

완전한 무질서 · 혼돈을 의미한다.

하늘에 흩어지고 모이는 구름의 형상,

너무 복잡하고 불규칙적이어서 도무지 예측 불가능해 보인다.

그러나 컴퓨터의 이용이 본격화되면서 자연은

우리가 생각하고 있던 것과는 달리 겉으로는 무질서하게 보이지만

안으로는 놀라운 규칙성을 갖고 있음을 알게 되었다.

미 기상학자 로렌츠(Edward N. Lorenz)는 우리가 지레 겁먹었고 다루기 꺼려

왔던 복잡한 자연 현상을 매우 간단한 식으로 풀이해냈다. 그것은 과학자

들의 예상을 뛰어넘었고 혼돈과 질서를 새롭게 인식하는 계기가 되었다.

카오스는 초기 조건에 매우 민감하다. 담배연기가 처음에는 고르게 피어오

르다가 조금 더 올라가면 어지럽게 흩어지는 것처럼…

이런 현상을 나비효과(Butterfly Effect)란다.

 뉴욕의 나비 한 마리의 작은 날개 짓이 중국에 태풍을 몰고 올 수도 있다는.

올빼미 모양을 한 '이상한 끌개' 다.

무척 낯선 기하학 형태를 하고 있다.

그런데 신기한 건 이런 기하학적 구조가 자연계에서 널리 존재한다는 사실이다. 이런 기하학적 구조는 카오스 안에 존재하는 질서 구조로서 프랙털(Fractal)이라고 부른다.

카오스가 복잡한 운동의 동적인 측면이라면 이상한 끌개, 즉 프랙털은 그 복잡성의 정적 · 기하학적 측면이라고 할 수 있다.

카오스적인 계는 미래가 결정되어 있지만 예측은 불가능하다.

미래는 되어 봐야 아는 것이다. 자연과 인간을 바라보는 새로운 시각이다.

산굼부리, 분화구냐 폭렬공이냐

:

제주시 조천읍 교래리에 자리한 산굼부리,

외국인들을 포함한 많은 사람들이 찾고 있는 제주 관광명소중 한 곳,

산굼부리 현장에는 이런 설명문이 걸려 있다.

산굼부리는 제주도에서 유일하게

폭렬공(爆裂孔)만으로 된 기생화산으로서

화산체가 거의 없는 마르(Maar)형으로 분류된다.

제주도에는 360여 개의 기생화산이 있으나

산굼부리를 제외한 다른 화산은

대접을 엎어놓은 모양의 분석구(墳石丘)들이다.

산굼부리는 해발 약 400m의 평지에 생긴 구멍으로서

그 깊이는 약 100m, 지름은 650m로서

한라산 분화구보다 약간 더 크고 깊다.

여기서 화산폭렬공이라는 표현은

운석의 충돌구의 잘못 표기일 수 있다.

다시 말해 산굼부리는 지조(地造)로 된 한라산 기생화산의 폭렬공이 아니라 외계로부터 온 운석의 충돌에 의하여 생성된 천조(天造)의 충돌구(衝突丘)인 것이다.

그러면 이제까지 폭렬공으로 알려져 왔던 산굼부리가 어째서 충돌구라는 것인가?

- 모양새가 여타 화산의 분화구와는 한눈에 봐도 다르다. 우유에 유리구슬을 떨어뜨리면 순간적으로 아름다운 조각품이 만들어지는데 바로 그런 형태를 하고 있다.
- 제주도에는 360여 개에 달하는 많은 화산의 분석구가 있는데 유독 산굼부리만이 이들과 다른 유일한 예외 형태를 취하고 있다.
- 남부 독일 우라하 지방에는 화산 폭렬에 의하여 생성된 125개에 달하는 폭렬공이 한 무리를 이루고 있는데 비해 산굼부리는 단 하나밖에 없으며 그 크기도 전자가 지름이 수십 미터 정도인데 후자는 650m로 훨씬 크다.
- 이웃한 백록담(둘레 2천여m, 깊이 100여m)에 비해 산굼부리(2,070m, 130m)는 파인 구덩이가 크고 깊은 데도 물이 고이지 않고 식물들이 자라고 있다. 화산재 등이 진흙처럼 방수제로서 작용해주지 않았기 때문이다.
- 산굼부리란 이 지역 말로도 움푹 파인 구멍(hole)으로 화구나 분석구와 구별된다.
- 산굼부리의 주변 토양을 살펴봐도 인근지역 그것과 차이가 없다.
- 관광객을 위한 관람대 왼편 8부 능선에 암석대가 분명하게 드러나 있다

(선 암석형성 후 충돌 발생).

- 지구상에서 발견된 가장 대표격인 미 애리조나 주의 베린저 운석공과 그렇게 닮아 보일 수가 없다. 5만년 전에 생긴 것으로 밝혀진 베린저는 지름이 1,200m로 산굼부리(650m)의 약 2배에

베린저(미)

달하고, 준 사막지대라 벌거숭이인 것만이 차이라면 차이다.

- 슈나이더의 화산 분류: 마르(Maar)란 작은 폭발만이 일어나고 활동을 중지하여 화구만이 원뿔형의 요지(凹地)로 남아 있는 경우로서 이 곳에 물이 괴면 마르(Maar)가 된다. (산굼부리를 마르라 하나 물이 고이지 않고 있다)

관광 안내문에 표기되어 있는 대로 산굼부리는 360여 개에 달하는 기생화산과는 다른 유일한 예외인 것까지는 맞지만 그것은 화산활동의 일환으로 만들어진 폭렬공이 아니라 외계에서 온 소행성(운석)의 충돌로 생겨난 충돌구인 것이다.

달에는 무수한 곰보자국이 있다.

1969년 7월 20일, 닐 암스트롱이 달 표면에 우뚝 서기 전까지는 다수의 학

자들이 이들을 화산의 분화구라고 주장했다.

미 베린저 충돌구만 하더라도 학자들 간에 오랫동안 공방이 이어져왔다.

앞으로 보다 철저한 조사연구를 거쳐 우리의 자연문화유산인 산굼부리가 태어난 대로 제 이름을 찾게 되길 바란다.

외계인, 외계생명은 존재할까?

⋮

알면 알수록 더욱더 모를 일이 세상사.
우주의 96%는 우리가 알 수 없는 암흑의 물질과 에
너지로 이루어져 있고 우리가 보는 모든 별과 은하
를 이루는 물질은 겨우 4%에 불과하다니!

그런데 그 4%의 물질도 99%가 플라즈마 상태로 존재하고, 우리가 살고 있
는 지구와 같이 안정된 원자나 분자로 이루어진 환경은 단 1%에 불과하다.
그 1%에서 인류가 오늘의 문명을 이룩해 왔다니 얼마나 놀라운 일인가!

우리가 기존의 고정관념에서 벗어나 본다면 물질의 99%를 차지하는 플라
즈마 세계, 더 나아가 우주전체의 96%인 암흑계에는 우리의 상상을 초월하
는 차원에서의 고도로 진화해온, 미지의 많은 문명이 존재할 그런 가능성이
있을 수도 있는 것이다.

지구상 같은 문명에 속한 우리도 다른 인종들과 제대로 의사소통이 어려운
데 하물며 수십 수백 광년 멀리 떨어져 있고 거기다 근본적으로 다른 물리
적 세계에 살고 있는 미지의 외계 존재들과의 소통은 어쩌면 불가능한 것이

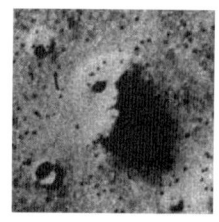

당연한 일일지도 모른다.

외계인은 지구에서 기원하지 않은 사람이다.

외계인이 있다면 왜 우리 앞에 모습을 드러내지 않는 것일까?

우리 은하계에는 5억~10억의 지구형 행성이 있다고 추정된다.

거기에는 지구인과 동등 이상의 진보된 문명인이 존재할 것으로 추정되고 있다.

1980년대 초 스필버그 감독의 영화 〈ET〉가 세계적으로 선풍을 일으킨 바 있다. 왜 그랬을까?

영화가 좋기도 했겠지만 외계인에 대한 인류의 호기어린 관심이 적중했던 것 아닐까?

탄소 화합물과 물을 사용하는 지상의 생명체와 같이 외계생명체도 비슷한 방식을 사용하리라 보지만 탄소 대신 실리콘, 물 대신 암모니아를 사용하는 의외의 화학 반응에 의존하고 있을지도 모를 일이다.

04

생명,
그 놀라움의 세계

생명 탄생의
신비

· · ·

나는 어디서 왔는가?

⋮

나는 누구이며 어디서 왔는가?

질문은 짧아도 대답은 결코 간단치 않다.

호랑이가 가죽을 남기듯 사람은 이름을 남긴다.

갖가지 사연과 함께 이야기로 기록으로.

사람은 누구나 태어나서 자라난 고향이 있지만 나는 어디서 왔는가? 라는 질문의 답으로는 못 미쳐도 한참 못 미친다.

그림 그리기에 나선다.

흑판 아랫부분 중앙에 나를 그려놓고 바로 위에 나의 부모, 다시 그 위에 부모의 부모 순으로 차례차례 그려나간다. 채 10대째에 이르기도 전에 더 이상 그릴 공간이 없음을 알게 된다. 오늘의 나를 있게 하기 위해 얼마나 많은 조상〈예 30세손: 21억, 33세손: 171억〉이, 그리고 그들의 피가 그렇게 면면히 이어졌는지 실로 놀랍고, 또 절로 숙연해진다.

이번에는 복잡한 그림을 단순화해 보기로 한다.

나(我)로부터 시작이다. 아버지 할아버지, 증조, 고조할아버지… 순으로 그

려 나간다. 계속 거슬러 올라가다 보면 마침내 시조 할아버지에 이르게 될 것이다.

우리나라에는 해주 오씨, 김해 김씨 등 본이라는 것이 있는데 이는 시조의 고향에 다름 아니다. 그러면 그 시조 할아버지는 어디서 오셨을까?

결국 단군왕검으로 귀결될 것이다.

하늘에서 내려 온 환웅은 그렇다 치고라도, 그 어머니인 웅녀는 또 어떻게 된 것인가? 인간을 포함한 모든 생물의 고향은 유일한 생명의 행성인 지구일까?

그렇다고 받아들인다 하더라도 그러면 그 지구의 고향은 또한 어디일까?

계속 되는 고향의 추적은 끝이 보이지 않는다.

생명 탄생, 그 수수께끼

⋮

생명체는 어버이로부터 태어난다.

동물만 그런 것이 아니라 식물도 마찬가지다.

어버이의 어버이로 계속 거슬러 올라가다보면 어떻게 될까?

그럼 그분들 또한 어디서 왔는가?

뿌리의 추적은 가도 가도 끝이 안 보인다. 영영 풀리지 않을 수수께끼인 양.

그래서인지

지구의 첫 생명체는 운석에 실려 다른 천체로부터 이동하여 왔다는 '천체비래설', 생물은 반드시 생물로부터 유래된다는 '생물속생설', 그 중 어느 하나도 설득력을 얻지 못하고 있다.

러시아 생화학자 오파린(A.Oparin)이 내놓은 '화학적 진화설'.

바다에서 무기물질로부터 유기물질이 먼저 만들어지고, 그 유기물질에서 최초의 원시생물이 생겨났다는…. 어떤 이론이 제기되면 그 진의를 실험을 통해 밝히려고 하는 것이 과학자들의 속성인 법.

미국의 화학자 밀러(S. Miller)는 초기 지구의 대기 성분으로 믿어지는 메탄 · 암모니아 · 수소 · 수증기를 혼합하여 특수하게 제작된 실험 장치에 넣고 전기 방전을 가하는 실험을 수차례 반복했다.

처음부터 큰 기대는 하지 않았는데 의외로 여러 가지 아미노산과 유기산 등과 같은 유기물질이 합성되어 나오는 것 아닌가!

이에 자극을 받아 많은 학자들이 방전대신 당시의 에너지원으로 믿어지는 자외선과 방사선 등을 사용하는 한편 여타 대기 성분인 탄산가스 · 질소 등을 혼합하여 화학반응을 일으키는 실험을 했는데, 비슷한 결과를 얻었다.

원시 지구상에서 대기를 구성하고 있던 메탄 암모니아 등의 간단한 화합물에 적당한 에너지만 가하면 비교적 짧은 시간 내에 아미노산 등이 합성되고, 이렇게 해서 생겨난 유기물질이 바닷 속에 축적되어 갔을 것이란 점을 밝혀내는데 성공했다.

별 것 아닌 것 같아도 여기에까지 이르는 길은 결코 순탄치 않았다.

19세기 중반까지만 해도 생물의 힘을 빌리지 않고서는 유기화합물은 합성될 수 없는 것으로 믿어져 왔기 때문이다. 그런데 무기물인 시안산 암모니움을 재료로 하여 화학자 뷜러는 유기화합물인 요소를 합성해 내는데 성공했다. '유기물이나 무기물이나 근본적으로는 다를 것이 없다' 는 것이 명백하게 밝혀지게 된 것이다.

원시지구상의 메탄가스 암모니아 수소 물 등을 재료로 번개방전 자외선 등에너지의 도움을 받아 아미노산 당 염기 등의 초기 유기물이 만들어지는 제

1단계, 이것이 중합반응을 일으켜 고분자 화합물인 단백질 핵산 등을 만드는 제2단계, 이들 고분자 물질끼리 서로 결합하여 생체고유의 특성을 가진 효소 유전자 등의 복합체, 즉 원시생명을 만드는 최종단계 등 세 단계로 화학진화의 진행과정을 나누어 볼 수 있겠다.

원시생명 탄생에 있어서 핵산이란 배선도와 단백질이란 배선공의 만남이 어떤 것이냐가 최대의 수수께끼로 남아 있는 등 아직도 풀어가야 할 숙제는 적지 않다.
그렇지만 생명의 탄생에는 신비나 영혼은 제외해도 문제는 없다.
다만 도저히 일어나지 않을 것 같은 우연에 가까웠을 낮은 확률은 인정하지만 화학진화가 진행되는 방향은 우연이 아닌 필연적이었을 것이다.

생명이란 분자의 조합으로 만들어져 정교하게 증식하는
하나의 화학공장인 셈.
원시생명은 분자와 분자가 시행착오를 되풀이하면서
스스로의 힘으로 결합하고 조립하여
생명의 공장을 건설해 가는 위대한 역사의 산물이었던 것이다.

심해저 생물은 무얼 먹고 살까

⋮

예외는 언제나 있기 마련인가?

광합성에 의지하지 않는 생물들이 있단다. 땅 속에 숨어사는 파상풍균과 바다 밑 5,000m에 살고 있는 박테리아 등…

궁금한 것들 하나씩 하나씩 보따리 풀어 하나씩 하나씩…

화산은 왜 바다 밑 같은 낮은 곳이 아닌, 백두산 같은 높은 산에서 분출하는 것일까? 지각이 얇은 곳이 뚫고 나오기 쉬울 터인데?

처음에는 분명 그랬을 것이다. 용암과 화산재 등이 흘러 나와 주위에 쌓여 언덕이 되고, 산을 이루기 전까지는.

심해저에서도 화산의 경우처럼 시꺼먼 연기(Black smoke)가 솟아오르고 온천과 같은, 때로는 350℃가 넘는 뜨거운 열수를 내 뿜고 있는 현장 여러 곳을 과학자들이 찾아냈다.

바다 밑 100m 이하에는 햇빛이 미치지 못하므로 해저 5,000m에서는 광합성이 일어나지 못한다. 그곳 생물들은 앞서의 열수로 체온을 유지하는 데는 큰 어려움이 없을 터이지만 문제는 먹이인데 과연 무엇을 먹고 살아갈까?

그들도 다 살아가는 길이 있으니 일반 생물들에게는 독약이나 다름없는 황화수소(H₂S)를 원료로 당을 합성해내는 것이다. 바로 화학합성이다.

$$6CO_2 + 12H_2S \Leftrightarrow C_6H_{12}O_6 + 6H_2O + 12S.$$

칠흑같이 캄캄한 수옥(水獄), 수압은 알루미늄을 찌부러뜨릴 만큼 높고, 주변해수도 매우 찬 악조건 속에서도 마치 쌀뜨물을 부어 놓은 것 같이 뿌연 곳이 있어 과학자들이 조사해 보았더니…

거기에는 놀랍게도 많은 박테리아가 서식하고 있는 것이 아닌가!

이들 박테리아는 심해저 블랙 스모크에 포함되어 있는 황화수소를 에너지원으로 하여 유기물질을 합성하는데, 이것이 바로 태양 에너지를 필요로 하지 않는 원시적 유기물 합성, 즉 박테리아에 의한 화학합성이다.

더욱 반가운 것은… 이로부터 태초에 생명체들이 어떻게 생명을 지속해올 수 있었는지, 그 불가사의한 수수께끼를 풀 수 있는 열쇠이기 때문이다.

오늘날 이 같은 사실을 잘 보해주고 있는 흑해(Black sea), 유럽과 아시아 사이에 있는 검은 바다, 흑해는 내해이기 때문에 표층수와 심층수의 순환이 매우 적다. 따라서 심층수에는 산소가 없어 물고기들이 살지 못한다. 대신 산소가 없어도 사는 혐기성 생물, 박테리아 세상이다. 그래서 이곳 박테리아들은 황화수소를 원료로 해 당을 합성, 먹이로 하여 살아가고 있다.

이때 발생한 황이 철분과 결합해 황화철을 만든다. 이것이 검정색이구나.

혐기성 생물이 만들어 낸 검정바다, 알면 재밌는 흑해 스토리.

생명은 다양하고도 강한 것인가!

생물이 검은 바다를 만들어낸 것이다.

詩想
002

지구생물사의
양대 사건

· · ·

박테리아가 산소와 당을 만들다

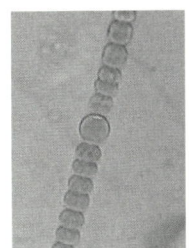

원시의 대기는 생물이 살기 매우 어려운 상태였다.
지구에 처음으로 생긴 생명체는 무엇이었을까?
아마도 산소 없이도 살아갈 수 있는 혐기성 세균이 아니
었을까? 그런데 기적적으로 생물의 광합성 작용이 일어
나면서 산소가 만들어지게 되었다. 이와 같은 생물사의
대 사건을 불러온 주인공은 다름 아닌 시아노 박테리아–남조류!
남조류는 세균의 일종으로서 박테리아가 진화해서 된 원핵식물이다. 거의
가 단세포, 군체 및 실 모양인 다세포체를 이루는데, 편모는 없고 분열법·
포자법 등으로 무성 생식을 한다. 이들이 선캄브리아기에 들어 당과 산소를
만들어내기 시작한 광합성 창조의 선두주역이었다.

스트로마톨라이트(stromatolite)는 시아노 박테리
아의 광합성을 실증으로 보여주는 층 모양의 줄
무늬가 있는 암석이다.
호주의 북서쪽 '샤크만'에 있는 '해멀린 풀'에

서는 지금도 스트로마톨라이트가 생성되고 있다. 원시와 현대가 공존하는 생생한 현장이다.

시아노 박테리아, 광합성 그리고 스트로마톨라이트는 어떤 상관관계에 있을까?

요약하면 광합성에 의한 석회화 현상이다.

시아노 박테리아가 광합성과정에서 이산화탄소를 흡수하게 되면 부분적으로 알칼리 쪽으로 기운다. 이것이 점성물질인지라 그 표면에 작은 석회 미립자가 달라붙고, 그것이 핵이 되어 시아노 박테리아의 군락(콜로니) 전체가 탄산칼슘(석회)으로 덮인다. 생명이 만든 바위인 것이다.

광합성을 위해서일까? 시아노 박테리아는 해바라기처럼 언제나 빛을 향한다. 해가 떠 있는 낮 동안에는 주변 퇴적층보다 언제나 위쪽에 존재하는데, 그것 때문인가? 광합성이 활발한 낮과 그렇지 않는 밤이 되풀이되면서 층 모양의 무늬가 생겨난 것이다.

그럼, 생물 자체가 아닌 스트로마톨라이트를 화석이라 할 수 있을까?

그렇다! 조개껍질, 공룡의 발자국 등과 같이 생물이 만든 것이기에 화석으로 분류할 수 있다. 이름 그대로 별 볼일 없는 이 박테리아가 지구의 산소를 만든 대역사를 이룩해낸 별 볼일 있는, 참으로 위대한 창조자였다.

스트로마톨라이트의 성장속도는 느리다. 연간 0.5~1mm 이하다.

수천 년 세월에 걸쳐 스트로마톨라이트를 축조한 이름 그대로 박테리아인 시아노 박테리아(cyanobacteria)는 지구 생명의 근원과 탄생의 역사를 밝힐 수 있는 열쇠로 알려져 있다. 자라기 좋은 환경조건에서는 폭발적으로 증식하

는데 한때 지구생물의 주역으로 등장하면서

생명행성을 산소적 환경으로 만들어 내기에 성공한다.

이처럼 지구 생명사에 제1차 대혁명을 불러온 기적의 생명체가 있으니…

그 이름 작디작고 하찮기 그지없으나

그 공로만큼은 크고도 위대한 남조류(藍藻類), 시아노 박테리아.

아하! '광합성'은 이렇게 하여 온 것이다.

엽록체, 모든 생물의 식량공장

:

광합성이 일어나는 장소는 어디인가?

정답은 명쾌하다. 바로 엽록체(Chloroplast).

"엽록체의 기원은 광합성 세균인 시아노 박테리아의 일종이며 세포내 공생을 통해 엽록체를 형성했다"고 과학계는 보고 있다.

시아노 박테리아와 유사한 특징을 가지고 있는 엽록체는 미토콘드리아와 같이 에너지 대사에 관련된 자체적인 DNA와 2중막(외막, 내막) 구조로 되어 있다. 광합성에 관련된 단백질들로 구성되어 있는 내막은 구불구불 주름이 잡혀있는데 시아노 박테리아의 세포막 또한 같은 역할을 한다.

엽록체는 태양으로부터 오는 빛 에너지를 광합성과정을 통해 ATP 에 저장한다.

내막과 외막 사이의 공간을 채우고 있는 액체는 기질(스트로마), 광합성 세균의 세포질과 같이 원형

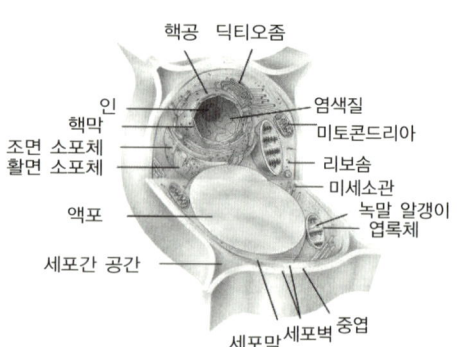

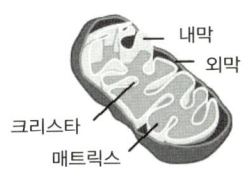

내막
외막
크리스타
매트릭스

DNA와 리보솜을 가지고 있어 자체적으로 단백질을 만들 수 있다. 그러나 광합성 세균과는 다르게 세포 안에서 보호받고 있는 엽록체는 필요한 단백질을 자체에서 모두 만들어내지 못하고 필요한 단백질 중 일부를 핵의 DNA를 해독하여 만들어진 단백질에 의존한다.

엽록체에 있는 그라나와 스트로마에서

물과 이산화탄소를 재료로 태양에너지를 흡수하여

포도당과 같은 유기물을 만들어내는 것이다.

이 과정에서 부산물로 나오는 산소는 동물들과 인간들이 호흡을 통한 물질대사를 가능하게 해준다.

그덕에 생명이, 우리가 있는 것이다.

산소, 초기 생물의 폐기물

:

오늘날 지구온난화의 주범으로 미움받고 있는 탄산가스, 그리고 그 흔하디 흔하다는 물을 원료로 하여 쌀을, 배추를 그리고 오곡백과를 만들어내는 기적 같은 일이 일어난다.

현대 첨단과학도, 오늘날의 천재과학자도 해내지 못하는 일, 이 먹을거리 공장인 '광합성'을 한낱 세균에 불과한 미생물이 해냈다!

그 덕에 지구상의 인간을 포함한 모든 생명들이 살아가고 있는 것이다. 그런데 세상사 호사다마인가?

먹을거리를 해결하는 데는 극적으로 성공하였으나 더 큰 문제에 부딪치고 말았다. 그것은 바로 스스로가 먹이를 만드는 과정에서 나온 부산물인 산소, 오늘날 말로 공해물질이다.

15억 년 전만 해도 이 지구상의 주역은 혐기성 생물이었다. 그리고 지구는 그들의 천하였다. 그런데 역사는 돌고 도는가?

자신들이 버린 생활쓰레기 중 하나로 말미암아 스스로가 죽음의 벼랑으로 내 몰리고 말았으니 이 일을 어찌하면 좋단 말인가? 살길은 죽음의 독가스인 산소가 없는 곳으로 필사의 탈출, 그 길 말고 달리 길이 있었겠는가?

엽록체는 한 세포 속 셋방살이다

⋮

엽록체는 식물의 잎에 있는 잎파랑이다.

녹말과 산소를 만드는 식물의 광합성 기관이다.

그런데 벼 잎 속의 엽록체는 벼와는 아주 다른 유전자(DNA)를 갖고 있다.

벼만 그런 것이 아니라 무, 배추, 사과 복숭아,

아니 풀과 나무를 포함한 모든 식물이 다들 그러하다.

한 지붕 아래가 아닌 한 잎, 한 세포 속 두 가족이다.

어떻게 이런 일이 있을 수 있는가?

미꾸라지 요리 중 하나인 숙회.

가마솥에 물을 붓고 불을 지펴 50~60℃ 정도 되면

두부와 미꾸라지를 동시에 솥 안에 쏟아 붓는다.

뜨거운 물에 놀란 미꾸라지가 후닥닥 살길을 찾아 차가운 두부 속을 필사적

으로 파고든다. 끝내 두부와 함께 삶겨 술안주가 되고 말지만.

그런데 이때 더 이상 열을 가하지 않고 두부 내부가 처음 투입시 온도인 약

20℃를 계속 유지한다면 어떻게 될까?

미꾸라지는 분명 살아남았을 것이다. 진흙 펄 속에서도 거뜬히 생존하는 것
처럼.

죽기를 기약하면 살길이 열리는가?
옛날 옛적 그 언제였던가! 매에 쫓긴 꿩이 앞뒤 안 가리고 우리집 안방으
로 돌진해 들어왔다. 오죽 급했으면 그랬을까 싶었다.
"집에 든 짐승은 잡아먹지 않는다"
할머님 말씀따라 되돌려 보낸 기억이 난다.
그런데 숙주세포에 뛰어든 남세균은 잡아먹히지 않을 뿐만 아니라 "더 이상
매(산소)에 잡아먹히지 않도록 여기서 살게 해달라"는 읍소를 안방마님이 받
아들였으니 한 지붕 두 가족의 대 기적이 일어난 것이다.

이렇게 해서 원원 공생, 진핵세포가 생겨난 것이다.

"우연한 사건이며, 지구에서만 단 한 차례 일어났던
아주 특별한 일이다." 〈닉 레인〉

20억 년 전, 이 진핵세포의 기적 덕분에 복잡하고 다양한 생명체로의 발돋
움이 가능했다. 오늘과 같은 대 생명사가 이렇게 시작된 것이다.

미토콘드리아의 정체

:

세포 안에 있는 중요 소기관, 미토콘드리아(Mitochondria).

그 모양새가 끈(mitos)과 낱알(chondros)

과 같다 하여 그런 이름이 붙여졌다.

생김새는 대장균, 크기는 $0.5\sim1\,\mu m$.

세균의 판박이다.

뿐만 아니라,

세포 내의 단백질합성 부위인

리보솜의 구성도 꼭 빼닮았다.

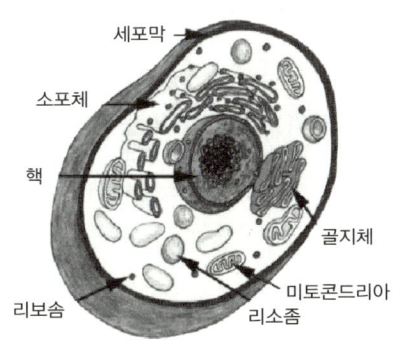

항생제를 투약해보니 세균처럼 해를 입는 것도 그렇고.

미토콘드리아 DNA는 세균들처럼 이분법으로 증식하며

숙주 핵의 DNA와 섞이지 않는다.

자체적인 DNA의 존재와 이중 막 구조는

미토콘드리아뿐만 아니라 엽록체에서도 나타나는 것으로

오래전 세균에 의한 세포공생의 결과로 진핵생물이 유래된 것으로 보인다.

미토콘드리아는 세포질 안에 있는 핵과 비슷한 크기의 세포 내 소기관으로 세포의 호흡과 에너지 생산을 담당한다.

산소를 마시고 이산화탄소를 내보내는 교환을 통해 유기물을 분해하여 생활에 필요한 에너지를 만드는 세포 내 에너지 공장인 셈이다.

$$C_6H_{12}O_6 + 6O_2 + 6H_2O \rightarrow 6CO_2 + 12H_2O + 열$$

보통 1개의 세포에는 수백 개의 미토콘드리아가 있는데, 간세포 같이 에너지를 다량으로 필요로 하는 그런 세포일수록 그 수가 많다.

세포는 핵과 세포질로 구성되어 있다. 생물의 DNA는 세포핵 안에 존재한다. 그런데 세포질 내에 있는 미토콘드리아도 또 하나의 DNA를 가지고 있음이 밝혀졌다. 한 세포 안의 두 가지 다른 DNA, 어째 이런 일이?

그것도 서로 다른 유전자인 것이다.

진핵생물 DNA 결합단백질인 히스티딘이 녹색 식물의 엽록체와 미토콘드

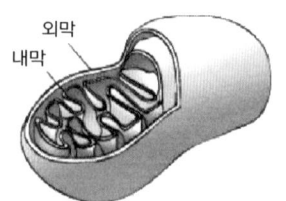

외막
내막

리아에는 존재하지 않는다고 한다.

대신에 아황산 환원 효소가 DNA 결합 단백질로서 기능하고 있다. 자체적인 DNA의 존재와 이중막 구조로 되어 있는 것이다.

본디 세균이었던 미토콘드리아, 이 혐기성 생물인 원핵세포가 원시세포 속에 들어가 그에게는 독가스나 다름없는 산소로부터 보호를 받는 대신 그 세포의 에너지 대사를 돕게 되었던 것이다. 이것이 바로 생물사의 최대사건

'진핵세포 출현'이자 '진화 빅뱅'의 단초다.

약 16억 년 전, 이 같은 진핵세포 등장이라는 대이변은 '에너지를 세포 외막이 아니라 세포 안에서 조달이 가능하게 된 것'이 그 핵심이다.

세포내 발전기, 미토콘드리아가 바로 그 역할을 맡았다.

이처럼 세포 내 에너지 생산이 가능해지면서 세균처럼 세포 바깥을 싸고 있던 딱딱한 세포벽이 필요없게 되고, 유연한 세포막은 에너지 생산에서 해방돼 신호전달, 운동, 식세포 작용 등 다른 일들을 할 수 있게 되었다.

이렇게 하여 차원이 다른 기동성을 확보한 진핵세포는 환경에 효율적으로 대처하기 위한 유전정보량도 대폭 늘리면서 세균보다 평균 1만~10만 배나 몸을 불렸다.

이처럼 에너지 문제를 해결한 생명체의 체격은 대형화될수록 대사율에서 더욱 유리해져 몸이 커질 때마다 필요 에너지의 양은 상대적으로 적어지는 결과를 낳았다.

쥐는 사람보다 체적 대비 7배나 더 많이 먹고 장기들을 가동해야 생존할 수 있단다.

지구의 다세포생물들이 왜 '복잡성의 비탈'을 거슬러 올라갔는지, 그 의문에 대한 열쇠도 결국 미토콘드리아가 쥐고 있는 것이다.

미토콘드리아 이브

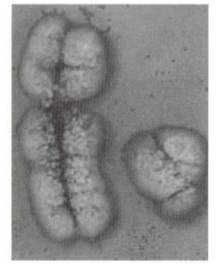

사람의 미토콘드리아 DNA는 반드시 모계를 통해서만 전해진다.

캘리포니아 대학의 윌슨(Wilson) 박사는 세계 5대륙 200여 명의 여성태반에서 얻은 미토콘드리아 DNA를 분석한 결과, 이들 모두가 약 20만 년 전 아프리카에 살고 있었던 한 여성으로부터 유래되었음을 밝혀냈다. 이 가상의 여인이 바로 '미토콘드리아 이브' 다!

물론 이 이브가 우리 모두의 유일한 어머니라는 뜻은 아니다.

그녀는 당시 살았던 집단의 한 구성원에 지나지 않는다. 미토콘드리아 DNA는 모계 유전을 하기 때문에 딸을 낳지 못하면 그 계통의 미토콘드리아 DNA는 집단 속에서 사라질 수밖에 없다. 따라서 진화 과정에서 많은 계통이 사라져버리고 한 계통의 미토콘드리아 이브만 남게 되었다는 것이다.

유전이란 핵의 염색체(유전자, DNA)가 대물림하는 핵유전(nuclear inheritance)을 말하는데, 이들 내림물질(gene) 탓에 어느 자식이나 어머니와 아버지를 반반씩 닮는다. 그런데, 미토콘드리아나 엽록체는 핵이 아닌 세포질에 들어 있어서 다음대로 이어지니 이를 세포질유전(cytoplasmic inheritance)이라 한다.

난자에는 30만 개의 미토콘드리아가 있는데 비해 정자는 고작 150개 정도다. 게임이 안 된다. 수정이 이뤄지면 정자가 가지고 들어온 미토콘드리아를 난자의 다수가 나서 송두리째 밀어버린다. 결국 수정란 속에는 아버지의 미토콘드리아는 하나도 없고 고스란히 어머니의 것만 들어있게 된다.
이렇게 모든 생물들은 미토콘드리아 엽록체를 모계에서만 받는다!

〈사모곡〉

어머님 사랑은 예나 지금이나 마찬가진가 보다.
아버지 미토콘드리아는 내 몸 안엔 없고 어머님 것만 있어 그럴까?
그래서 모정이 부정보다 나를 더 사무치게 하는가 보다.

＊식물세포의 엽록체를 생성하는 유전자를 세계 최초로 우리나라의 황인환 포스텍 교수팀이 밝혀냈다. 이 유전자(AKR2)는 엽록체의 외막을 이루는 단백질을 전달해 엽록체를 생성토록 하는 역할을 수행한다.

詩想
003

생명의 발자취를 더듬어

· · ·

생물에게도 호적이 있을까

:

우리 인간에게 호적이 있는 것처럼, 지구에 서식했던 생물들에게도 호적이 있을까? 만약 있다면, 어떤 형태로 존재하는 것일까?

아하! 현재에서 출발하여 과거를 향해 생물이 걸어온 발자취를 하나씩 더듬어 가는 '화석연구' 방법이 있구나! 언젠가는 최초의 생물 기록에로 다가갈 것이며 거기에서 생명의 기원도 알아낼 수 있을지도…

가장 오래된 동물의 화석은 약 6억 년 전에 살았던 갯지렁이, 해파리 등.

이것들보다 더 하등동물이 그 전에도 있었겠지? 왜냐고?

그건 조금만 더 오래된 화석의 세계로 거슬러 올라가 보면 단세포 생명체만의 세계가 나타나기 때문이지…

스필버그 감독의 영화 《쥐라기 공원》에 나오는 공룡, 그 공룡이 지구의 주인이었던 시기가 6,000만~2억 년 전 사이이며, 최초의 원시인간이 출현한 건 200만 년 전이다.

어느 누구도 당시의 상황을 지켜본 적은 없지만 화석이라는 생물호적을 더듬어 알아낸 결과인 것이다.

화석으로 본 생물진화

:

오래된 화석의 세계로 계속 거슬러 올라가다 보면

마침내 단세포 생물이 나타난다.

고생대에 접어들수록 화석연구도 그만큼 더 어려워진다.

육안으로는 식별되지 않으므로 현미경의 도움을 빌어 본다. 세균이나 조류
등 원시적 미생물의 화석을 찾아내는 미생물의 화석, 미화석(微化石)이다. 미
화석은 그 형태에 따라 분류−명명되는데 카카베키아 운베라타라는 이름을
가진 박테리아는 마치 우산을 펼친 것 같은 모양을 하고 있어 그런 이름이
붙여졌다.

근래에 카카베키아속과 매우 흡사한 박테리아가 발견되었는데 별난 건 이
들이 진한 암모니아수 속에서 살고 있다는 사실이다.

이러한 발견은 우리를 들뜨게 한다. 왜냐하면 원시의 바다는 오늘날과 같이

염도가 높지 않은 진한 암모니아수였으리
라고 추정되기 때문이다.

그렇다면, 이 별난 우산형 박테리아가 혹시
약 20억 년 전에 살았던 카카베키아의 직계

자손이란 말인가!

만일 그게 사실이라면 이 박테리아야 말로 긴긴 세월을 살아온 '살아있는 화석'으로, 태고의 모습을 오늘에 전해 주는 산 증인인 것이다.

지구의 탄생에서부터 현재까지를 1년으로 가정하여 시간의 흐름을 살펴보기로 하자.

그러면 지구는 1월 1일 0시에 태어나고, 지구상 최초의 생명체 탄생은 4월 30일, 물고기 출현은 11월 15일, 포유동물은 12월 25일 경이고, 인류의 출현은 12월 31일 23시 45분에 해당한다.

이처럼 인류가 살아온 기간은 지구시간으로 환산하면 1년 중 불과 15분에 해당하는 극히 짧은 시간일 뿐이다.

세상은 넓고 인류는 짧다.

세균은 왜 그렇게 작아야만 했을까?

:

크기가 아주 작은 세균은 그 수가 많기도 많다.

태고에 가장 먼저 출현했고 분포하지 않는 곳이 거의 없으며

우리와 늘 가까이 있다.

또 24시간 접하면서도 우리는 그 존재를 알지 못했다. 왜?

너무나 작아서다. 현미경이 나오고 나서야 제 모습이 잡혔다.

대장균은 환경이 맞으면 20분마다 한 번꼴로 분열한다.

대장균 한 마리의 무게는 약 1조분의 1그램.

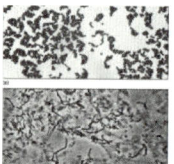
이 세균 한 마리가 하루 72번 분열할 수 있으므로

숫자로 셈하면 2의 72제곱 마리,

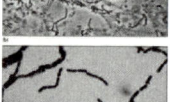
상상이 가는가?

무게로는 4,000톤에 달한다.

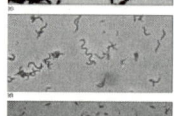
불과 이틀 만에 5.977×10의 21제곱 톤이 되어

지구의 질량을 능가하게 된다.

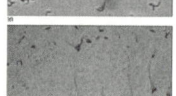
이런 놀라운 번식력을 지닌 세균은

지구 나이와 거의 같은 세월 동안

극한의 환경에서도 살아남았고 또 번성해왔다.

이처럼 생화학적으로는 놀랍게 진화한 세균들인데도
지난 30억 년 동안 물리, 생물적으로는 몸집을 불리거나
고등하게 진화하지는 못했다.

왜 그랬을까?

그 답은 첫째, 엄청난 번식속도에서 찾을 수 있다.

세균들은 주변 환경이 살수 없는 극한 상황이 되면 알아서 성장을 멈추고 죽은 듯이 때를 기다린다. 그러나 영양분이 공급되는 등 사정이 좋아지면 세균 개체군은 폭발적인 분열에 들어간다. 이럴 경우 유리한 쪽은 당연히 분열 속도가 빠른 세균이다.

느린 쪽은 설 자리가 없다. 빨리 분열하려면, 우선 작아야 했던 것이다.

또 하나는 '기하학적 걸림돌' 이다. 생명체의 에너지동력은 아데노신삼인산 (Adenine Phosphoribsgl Trausferase)이다.

ATP 끝에 붙은 인산기가 떨어져 나갈 때 에너지가 방출되는데, 내부에 따로 동력원을 두고 있지 않는 세균은 외막을 통해 에너지를 빨아들여야 한다. 그런데 세균이 만약 크기를 두 배로 늘리면 표피면적은 네 배로 늘어나고 부피는 8배로 늘어난다. 이렇게 되면 단위 부피당 표피면적 비율은 현저히 떨어진다.

에너지 수입 통로인 표피면적이 줄어들면 생존이 위태로워진다.

'작아야' 만 했다.

생물의 조상은 같은가?

:

20세기의 마지막 해,

영국 과학자들이 땅속에 사는 하등생물인 선충(線蟲)의 유전자를 해독하는 데 성공, 세계적으로 화제가 된 바 있다.

이 하찮은 미물의 유전자가 사람의 유전자와 자그마치 40%나 같았다니 이 또한 세계를 놀라게 했다.

뉴 밀레니엄에 접어들어서 미국 셀레라 제노믹스사가 초파리의 유전자 지도를 발표했는데 한마디로 인간 유전자의 축소판처럼 보이더라는 것이다.

이것이 도대체 무슨 도깨비 같은 소리인가!

상상으로도 제대로 가늠할 수 없는 광활한 대우주,

무수한 별들과 은하계, 그리고 태양을 비롯한 모든 행성,

지구상의 생물 무생물 할 것 없이 모두 다 하나같이 불과 100여 종 미만의 원소로 만들어졌다. 또 유기물 무기물 공히 원자로 구성되어 있으며, 우주의 원소의 비와 인체의 원소 구성비가 상당히 비슷하다.

우주: 수소(H), 헬륨(He), 산소(O) …

인체: 수소(H), 산소(O), 탄소(C) …

결국 인체가 우주를 닮았다는 것이다.

인체가 우주이고, 하나의 세포가 소우주라!

참으로 신비스럽고도 놀랍다.

어디 그뿐인가, 전기와 자기가 같은 것이고,

빛이 파동이자 입자인가 하면,

에너지가 물질이고 물질이 에너지인 것이다.

여기 인간을 포함한 8종의 동물이 있다.

물고기, 사람, 도롱뇽, 소, 거북, 돼지, 닭, 토끼.

이제부터 알아 맞추기 시합이다. 먼저 2, 3단계를 종이로 가린다.

1단계만을 대상으로 누가 누가 잘하나 가려보자.

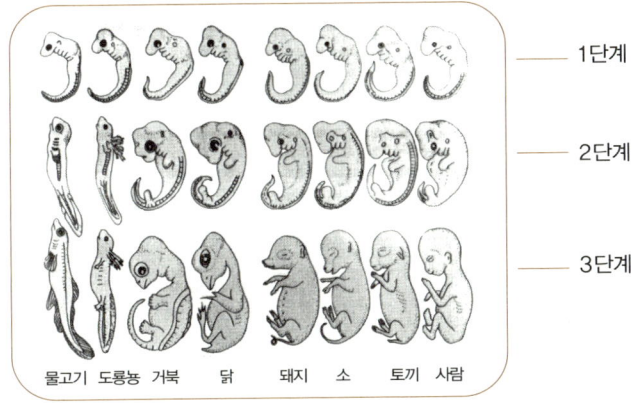

1단계

2단계

3단계

물고기 도롱뇽 거북   닭   돼지   소   토끼 사람

유전학자 다윈의 눈에는 보였을까?

분명한 건 나는 아니다. 무지 탓일까?

그럼, 3단계만 가리고 2단계까지 보기로 하자.

그렇다. 피라미 도롱뇽 두 가지는 '빙고' 다.

나머지는 어떡하지? 궁금해서 더는 못 참겠다.

3단계 모두를 펼쳐든다. 그러면 그렇지 했는데, 거북 닭 다음은 뭐지?

동물의 초기 태아 모습, 모를 일이다. 서로 닮다 못해 거의 같아 보이니.

박테리아로부터 사람에 이르기까지 단백질 구성성분이 같다는 말은 모든 생물이 한 조상으로부터 갈라져 나왔음을 강력히 시사하고 있는 것이다.

태아가 자라는 자궁은 양수로 가득 차 있다. 이 양수의 염도가 모든 젖먹이 동물에 공통적으로 꼭 같으며 그것이 바로 바다의 염도와 일치한다고 한다.

짧은 생각에 그저 놀랍기만 하다.

동물, 식물, 미생물 할 것 없이 모든 생물은 세포로 되어 있다.

단 하나의 세포를 가진 아메바나 박테리아가 있는가 하면, 수없이 많은 세포를 가진 공룡이나 고래도 있다. 각 세포 하나하나가 각기 신진대사 능력을 갖는 등 생명의 기본단위로서 역할을 완벽하게 행하고 있다.

단세포 생명에서 시작하여 다세포로, 다시 식물 동물로, 하등생물에서 고등생물로, 마침내 만물의 영장인 사람으로의 길!

그 멀고도 험난했던 생명의 길, 기적 같은 조화에, 확률에 그저 경탄과 놀라움으로 가슴이 떨려 온다! 아 생명, 아름다운 생명!

생명은 동적인 평형 상태에 있는 흐름이다

:

설악산 탕수계곡 12선녀탕.

그 누가 만들었나 곱고도 동그랗다!

선녀와 나무꾼 사연 그곳이 여기로고

이 한밤을 지새면 만나려나 설렘이…

혼자 올걸! 내 맘을 알아챘을까?

계곡 가득히 울리는 '미움 미움 미이움…'

선녀의 정령인가? 매미들의 읍소다.

돌아서는 발길, '가지마오!' 일까?

잠시 산행의 한때다. 자연이 멋지게 조각해 놓은 천연탕에 길손이 손을 담근다. 맑디맑은 물 찰랑찰랑~ 풍당 뛰어들고 싶다.

선녀탕에는 언제나 깨끗한 물이 퐁퐁퐁~~ 시간이 흘러도 그대로다.

그런데 그 물은 언제나의 물이 아니다.

먼저 물이 밀려나고 새물이 흘러든다.

그침 없이 들고 나고, 나고 들고… 물만 그럴까?

제주 삼양해수욕장처럼

뉴질랜드 북섬 카레카레 비치는 흑 모래다.

하얀 갈매기와 대조롭다.

영화 〈The Piano〉 촬영지로도 유명한 이곳

새까만 모래벌이 남태평양의 산더미 파도와 어우러져

퍽이나 이색적인 풍경을 자아내기도 한다.

 야단스러움이 싫어 몰래 숨겨져 있는가?

자그마한 푸켓 램씽비치(Laem Singh Beach)

산호모래가 푸른 바다 수평선과 어우러져 파란하

늘 아래 한 폭의 그림이다.

그런데 우리나라 남해안 모래사장에도 검은 모래가 찾아와

흑색의 줄무늬를 만들고

카레카레 비치에는 가끔 산호모래가 찾아들어 고운 띠를 수놓아 눈길을 끈다.

자연은 돌고 도는가?

물도 모래도 우리 몸의 각 원소도 가만가만 와서는

잠시 잠깐 머물다

어느 순간 사라지는 것이다.

그렇다. 생명은 동적인 평형 상태에 있는 흐름인 것이다.

생명은 자기 복제를 한다

⋮

깔깔거리는 해맑은 웃음소리가 해변에 찰랑댄다.
때맞춘 잔잔한 파도를 타고.
소녀들이 질세라 뭔가를 줍기에 나선다.

앞 다투어 하나 둘 그리고 셋.
한손 가득히 조약돌, 조개껍질 자랑이다.
놀이도 시간이 흐르면 무료해지기 마련인가?
좋아라, 질세라 주웠던 보배들 중, 작은 몽돌은
어느새 제자리로 되돌려졌는데
조개껍질 한둘은 아직도 소녀의 손안에 따스하다.
아마도 그녀의 방 한곳에 곱게 자리 할 것이다.

작은 돌과 소라껍질, 무늬가 색깔이 하나같이 곱다.
그런데 다 같지는 않다.
조가비, 소라집이 더 마음을 끈다.

시드니 오페라 하우스(Opera House)처럼!

왜 그럴까?

둘 다 자연의 작품일시 분명하지만

그 중 하나는 생명의 힘으로 만들어낸 질서.

한 때 생명이 깃들었던, 생명품이라는 그런 차이라면 차이다.

자연의 조형물은 원자로 되어 있다.

생물 무생물을 포함한 천지만물이 다 그러하다.

생명이란 자기복제를 하는 시스템이다.

조개껍질은 조개 DNA가 만들어낸 작품이자 한 때 생명이 깃들었던 집이다.

동적인 것만이 발할 수 있는 생명감, 생동감.

그것은 질서가 만들어내는 아름다움 바로 그것인 것이다.

詩想
004

생물 세계의
이모저모

. . .

동물의 세계

⋮

들짐승이나 산새들을 보고 있노라면

쉴 새 없이 움직이고 있다.

그런데 하는 일이라는 것이 고작 먹이 찾기에 다름 아니다.

다시 말해 잠자는 시간을 빼고는 대부분의 일과를

밥 먹기에 보내고 있는 것처럼 보인다.

먹이를 사이에 두고 치열한 싸움이 벌어지는가 하면

때로는 어떠한 위험도 마다하지 않는데

이러다 보니 덫이나 독극물 같은 먹이의 유혹에 빠져

죽음을 당하기도 한다.

동물들은 각기

부리나 입, 발톱과 이빨, 몸 생김새와 색깔이 다르고

나름대로 특색 있는 감각기관 등을 갖추고 있다.

한 가지 공통점이 있다.

먹이를 핵심으로 삼아 설계되었고 안전을 추가 배려했다는 점이다.

이는 무엇을 말해 주고 있는가?

먹어야 살고 안전해야 하는 것이다.

생명체로서의 지상 명령이자

절체절명의 과제다.

여기에 더해 한 가지 더 두드러진 생리 현상,

평소에는 그렇지 않다가도 어떤 시기 즉 발정기가 되면 사태는 돌변한다.

사슴 순록과 같이 무리를 이뤄 살아가는 동물들,

한바탕 죽기 살기의 힘겨루기로 승자를 가리게 된다.

이렇게 해서 최강자가 정해지면

다른 수컷들은 깨끗이 승복하고 모든 영광을 승자에게 돌린다.

인간 사회에선 좀처럼 보기 힘든 페어플레이다.

그런데 수놈들은 그렇다손 치더라도 참으로 묘한 것은 암컷들의 태도다.

열이면 열, 백이면 백, 군소리 없이 그것도 기꺼이 승자를 받아 들여 짝짓기
에 나선다.

창조할 것이 너무 많다보니 하나쯤은 본의 아니게 그렇게 될 수도 있지 않
느냐고?

그렇다면 결국 조물주의 실수라는 말인데?

그런 일은 있을 수도 없고 있어서도 안 될 일이다.

식물의 세계

:

산에는 꽃이 피네,

가을 봄 여름 없이 꽃이 피네…

세상에는 나무도 많고 풀도 많고 꽃도 많다.

빨간 꽃 노랑 꽃 하얀 꽃,

예쁜 꽃을 보면 왜 좋고 마음도 즐거워질까?

꽃은 어째서 그토록 아름답게 피는지

물어도, 물어도 대답은 없고 알다가도 모를 향기만 다가선다.

자신을 위해서 일까 아니면 누구에겐가 보여 주기 위함일까?

아름다움만큼이나 알고픔도 더해간다.

이러다 보니 잠깐 멍해졌는지 엉뚱한 생각을 해본다.

굳이 비교한다면 식물의 꽃은 동물의 어느 부위에 해당될까?

뿔 머리털 눈…, 그런 것과는 거리가 있는 것 같다.

그렇다면 옳지, 생식기.

그것도 암컷의 성기에 비유할 수 있지 않나 싶다.

암술이 맨 중앙에 위치하고 씨방(자궁)이 이를 받치고 있다.

암 수가 따로따로인 은행나무,

호박은 아예 수술이 없어 벌 나비의 도움으로 수정을 하게 된다.

식물의 잉태과정이자 자식 사랑이다.

나비와 벌들이 꽃에서 꽃으로. 아름다움에 끌렸을까.

향기에 취했을까, 아니면 달콤한 꿀단지 때문일까.

어쩌면 이중 하나 둘 혹은 모두 다일 수도 있다.

이처럼 꽃들이 예쁘게 꾸미고, 감미로운 향기를 풍기고 있는가 하면,

그래도 모자라는지 꿀맛이라는 말 그대로 달콤한 꿀까지 그곳에 마련해 두고 있다.

그 까닭이 흥미롭고 또 궁금하지 않는가?

그런데 꽃의 입장에서 본다면 벌 나비들이 사랑스러워 주기만 할까?

동심과 향수를 불러일으키는 시골 원두막,

자연과 더불어 사는 여유로움이 있고

작은 것에 만족하며 사는 자애로움이 함께한다.

원두막 하면 떠오르는 것, 수박이다.

그런데 수박이나 복숭아는 씨앗이 따로 들어있다.

그럼 그 달디 단 수박 살과 복숭아 살은

무엇 때문에 그렇게 지성으로 만들어 두었을까?

식물은 스스로 움직일 수 없다.

때문에 바람과 물에게 매달려 보기도 하고, 때로는 벌 나비를 비롯한 갖가지 동물 등에게 도움을 청하기도 했을 것이다.

바란다고 모든 일이 저절로 이루어지는 것은 아니다.

바람 따라 민들레 씨앗이 날고, 물 따라 야자열매가 항해에 들고
호박꽃도 꽃, 꿀 따려 꿀벌이 날아든다.

꾀꼬리 참외, 청포도 송이에 손길이 간다.

주고받음의 세상사, 그래서 상대방의 눈 코 입을 즐겁게 해주면서 반대급부도 마련했을 법하다.

자기 자식 시집 장가 잘 가게 해 달라고 그 중매쟁이에 대한 깍듯한 사례인 셈이다.

그나저나 풀이나 나무도 감정이 있을까?

그럴지도 모를 일이나 알 길이 없다.

그런데 그들의 일생을 지켜보노라면 싹을 틔우고 자라고 꽃피고 열매 맺고
그리고 생을 마감한다.

비가 오면 비 맞고, 먹자고 들면 먹히고,
홍수지면 뿌리째 뽑혀 나가기도 하고,
가뭄이라도 들면 시들다가 말라죽기도 한다.

끈질기고 모질게 살아남기와 기어코 씨앗을 보고야마는 일생으로 요약된다.

그래서인지 우리들 눈에 비친 식물의 생애는
동물로 치면 생리적 욕구만 있는 그런 삶으로 비춰지는 것이다.

식물의 놀라운 자식사랑

⋮

아침 이슬이 방울방울 영롱하다.
하루 중 빛이 가장 부드럽고 산뜻하다.
꽃들이 꽃망울을 터뜨리는 해 뜰 무렵,
아름다움을 담기에 가장 좋은 시점이다.

암술과 수술이 한 꽃에 같이 있는 복숭아, 소나무
양성화다.
한 꽃 속에 암술과 수술 중 한 가지만 있는 꽃
단성화라 한다.
한 그루에서 암꽃과 수꽃이 따로 피는 식물(호박, 소나무)
암꽃 그루와 수꽃 그루가 다른 식물(은행, 시금치)

대부분의 꽃 속에는 암술(난자)은 단 1개, 수술(정자
봉)은 복수로 많다.
품종에 따라서 다소 차이는 있지만, 살구 꽃 수술 50

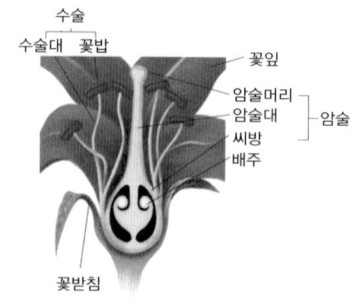

개, 동백꽃 100개가 넘는다.

암술은 하나뿐인데 수술은 왜 그렇게 많은 것일까?

자손인 씨를 만들기 위해서는 수술 꽃가루가 암술에 닿아야 한다. 수정이다.

식물은 스스로 움직이지 못 한다. 바람이나 동물의 신세를 질 수밖에 없다.

이처럼 중요한 일을 남에게 의존할 수밖에 없는 처지라 식물 스스로도 매우 염려스러울 것이다.

해서 2가지 비책을 마련한 것으로 보인다.

우선 총각 숫자가 압도적으로 많은 마을에선 시집못가는 처녀는 없을 것이다. 그래서 우선 꽃가루를 많이 만들고 보는 것이다.

다음은 신세를 지려면 호의를 베풀어야 한다.

고운 꽃 색깔로 상대의 눈을 즐겁게 향기로운 향으로, 꿀단지 꿀로, 지극한 서비스다. 어디 그 뿐인가!

사과 수박에는 자신의 씨앗과는 별개로 맛좋은 먹거리를 따로 듬뿍 담아낸다.

자식사랑, 어버이의 정성이다.

솔 씨가 바람개비처럼 날리고 민들레가 풍선된다.

봉숭아가 팡하고 터뜨려지고, 도깨비 풀 씨가 동물 몸에 달라붙는다.

자손을 위한 온갖 묘안 총동원이다. 어머니 사랑은 가이 없어라…, …!

미생물의 아리송 세계

⋮

간장을 담그고 술을 빚는다.
그 숨은 공로자가 누구인지도 모르는 채 우리는 먹고 마시고 즐긴다.

이 수수께끼를 처음으로 풀어낸 사람은 네덜란드의 레벤후크다.
너무나 작아서 육안으로는 볼 수 없기 때문에 고심 끝에 스스로 현미경을
제작, 이 요술경을 통하여 문제의 주인공들과 만났고, 이어 그들의 정체를
밝혀냈다.

세균, 바이러스, 곰팡이 등으로 분류되는 미생물.
이들이 바로 그 주역들인데, 질병의 원인이 되기도 하고,
페니실린, 마이신 같은 의약품이 되기도 하지만
그건 극히 일부에 지나지 않고, 대부분은 무해하다.
동 식물 외에 또 하나의 생물로서 우리와 함께 살아가야 할
없어서는 안 될 소중한 존재인 것이다.

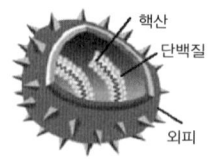
핵산
단백질
외피

하이에나를 두고 청소꾼이라고 한다.

흔적도 안 남기는 고수가 있다.

사람들이 그렇게들 미워하는 세균

만약 이들이 모두 사라져 버린다면 어떻게 될까?

끔찍하다 못해 공멸이다.

죽은 물고기와 해초들이 바다를 가득 메우고

공룡의 시체가 지상 여기저기에 널려 있다.

무수히 많은 동물의 시체와 죽은 나무, 낙엽들

이것들이 겹겹이 켜를 이뤄 쌓여 있는데

그 틈틈이 조상들의 시신이

돌아가실 때 모습 그대로 있을 것 아닌가?

세상에 이런 일이, 상상만으로도 몸서리쳐진다.

미우면서도 고마운 미생물.

이것들은 물 흙 공기 중 어디에도 있고

우리의 몸에도 많다.

다행인 것은 대자연은 미생물에게 명했다.

생은 제외, 즉 '청소작업은 사체에 한함' 이라고.

따라서 운동부족 등으로 건강을 잃거나

절제 없는 생활로 스스로 병을 얻어서

세균으로 하여금 청소대상으로 잘못 알게 하지 않는 한

조금도 문제될 것 없다.

05

우주불변의 법칙과
생명소

詩想
001

우주 에너지 불변과
엔트로피

· · ·

엔트로피란 무엇인가?

:

그리스어 tropy(변형)에 en(하게 하다)이 붙어서 만들어진
말, 엔트로피(entropy)는 '변형하게 하다' '변형되다' '변형하게 만드는 것'이라는 뜻.

'팔팔 끓던 콩나물국이 식는다.' '고기압에서 저기압 쪽으로 바람이 분다.'
'설탕이 물에 녹아 단맛이 골고루 퍼진다.' 형체가 있는 것은 허물어지고,
제행무상이다. 끝없는 변형 현상, 이것이 엔트로피인 것이다.

'열의 이동과 더불어 유효하게 이용할 수 있는 에너지의 감소 정도나 무효
(無效) 에너지의 증가 정도를 나타내는 양', 이것이 엔트로피다. 여기까지는
그런대로 받아들일 수 있을 것 같다. 문제는 여기서 끝나지 않고 한술 더 떠
서 '무질서 상태' '혼돈 상태' '환경오염의 다른 표현'이란다.
겁 없는 인간이 해대는, 망발이다.
입에 달면, 질서라 하고
입에 쓰면, 무질서라며 투덜댄다.

인간은 영생하지 못한다. 죽는다. 엔트로피다. 이것이 무질서일까?

아니면…

어떤 사람이 늙어가다가 타임머신처럼 다시 젊어진다.

아들보다 더 젊어진 아버지, 딸보다 어린 어머니, 이런 상태가 무질서일까?

예외는 오직 삶을 살아가는 과정에 한한다.

지속적으로 진행되는 엔트로피 진행을 대신 몸으로 막아주는 희생양이 있다.

그것은 식물이 만든 유기물, 먹이다. 다른 이름의 태양 에너지다.

인생에는 예행연습이 없단다. 그래서 그래서는 안 되는데 막무가내라니.

그럼 '곡기를 한번 끊어 보라' 어떻게 되는지.

뻔하다. 엔트로피로 간다, 우주로다.

인간을 포함한 생물은 총체적으로는 절대인 우주법칙을 따르지만 예외에 매달려 생을 살아가고 있고 씨앗을 두어 영속을 꾀하고 있는 것이다.

그런데 어찌하랴, 파도가 또한 바다이듯이 인류를 포함한 지상의 모든 생명체는 종국적으로 엔트로피법칙을 벗어날 길이 없으니…

태양이 가면 우리도 간다.

핵전쟁, 자원고갈, 지구온난화 등 자살골로 엔트로피를 예정보다 빨리 불러오는 그런 우를 범하지 않기만 바랄 뿐이다.

우주의 에너지는 일정하다

열역학 제1법칙은 에너지보존 법칙이다.

에너지는 창조될 수 없으며, 우주의 에너지는 일정하다.

따라서 '영구기관은 불가능하다.'

〈영구기관〉

제1종 영구기관은

외부로부터 별도의 에너지를 공급받지 않고도 계속 일을 할 수 있는

가공의 기관(기계)이다.

제2종 영구기관은

하나의 열원(熱源)으로부터 열을 흡수하여

이것을 외부에 대한 일로 그대로 바꾸어 주는 가상의 기계다.

이 양자를 합쳐 영구기관이라고 한다.

외부 에너지를 공급받지 않고도 내부 에너지가 증가하는 일은 없으며

따라서 외부에 대한 일도 할 수 없다.

냄비 뚜껑을 덜컹거리게 하려면 불을 때줘야 한다는 말이다.

찌그러진 탁구공을 뜨거운 물에 담그면 팽팽하게 펴진다.

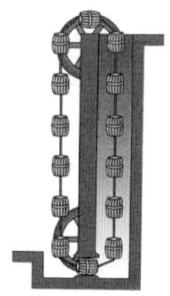

탁구공 안의 공기팽창 때문이다. 한 물체계의 내부 에너지는 이 물체계에 외부로부터 가해진 열과 같은 양만큼 증가한다.

열역학 제1법칙을 달리 표현하면,
영구기관은 불가능하다는 것.
우주에 존재하는 모든 것은 에너지의 한 형태로 존재하며,
일어나는 모든 현상 또한 에너지의 형태 전환에 다름 아니다.
이렇게 보면 열역학제1법칙(first law of thermodynamics)은
에너지보존법칙을 일반화한 것이다.

엔트로피(Entropy)

⋮

놀부 방은 따뜻한데 흥부 방은 냉골이다.

두 방 사이의 창문을 조금 열어 두었더니

이내 흥부네 방도 훈훈해온다.

추운 겨울, 강남 제비가 날아들기라도 한 걸까?

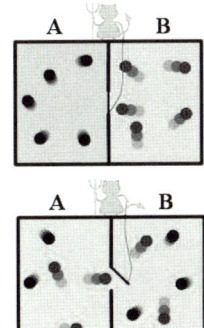

태평양 바닷물을 1℃ 올리려면 엄청난 열을 공급해

줘야 할 것이다.

그럼 지금 태평양 물에서 1℃만 뽑아쓸 수 있다면?

꿈같은 이야기다.

열평형 상태에 있던 두 물체가 저절로 서로 다른 온도가 된다든지 물에 퍼

져 있던 잉크가 다시 한곳으로 모인다든지 그런 일은 일어나지 않는다. 일

을 하도록 하기 위해서는 고온의 열원과 저온의 열원이 필요하다.

고온의 열원으로부터 저온대상으로 오직 한 방향으로만 열이 이동한다.

이 열 이동이라는 자연현상, 즉 엔트로피를 이용해 일을 얻어내는 것이다.

가만히 있던 라면 냄비가 가스 불 위에 올려놓고 조금 있으니 김이 나는가 했는데 냄비 뚜껑이 덜컹거린다. 갑자기 날 도깨비가 냄비 속에 나타난 것인가?

냄비 속의 높은 열이 상대적으로 열이 낮은 부엌 공기 속으로
열에너지가 옮겨가면서 뚜껑을 밀어 올린다.
결과적으로 열이 일로 바뀐 것이다. 증기기관의 원리다.
제1종 영구기관이 불가능하다는 것은 비교적 이해가 쉽게 가는데
제2종 영구기관은 어렵게 다가선다. 그도 그럴 것이 이 또한 에너지보존법칙에는 모순되지 않지만 불가능한 것은 마찬가지다.
그 까닭은 눈에는 안 보이지만 물질을 구성하는 많은 분자들의 운동결과가 열로 나타나기 때문이다.

흥부방에 날아든 훈훈한 분자들이 바로 강남제비였던 것이다.

엔트로피는 시간의 화살이다

:

'시간이 죽어가고 있다' 이 무슨 허튼 소린가?

어두운 방에 오래 누워 있다 보면 밤인지 낮인지,

몇 시나 되었는지 알길 없다. 시간가는 줄을 모른다.

어떤 일이 하나하나 차례대로 일어나는 현상에서 우리는 시간의 경과를 경험한다.

시간을 인지할 때마다 이 세상의 에너지는 소비되고 있다는 말이다.

이처럼 시간 경과는 사용할 수 있는 에너지가 없어지고 있음을 뜻한다.

"엔트로피는 시간의 화살이다." 〈애딩턴〉

시간은 일을 할 수 있는 유용한 에너지가 존재할 경우에만 존재한다.

소비된 시간은 이미 써 버린 에너지의 양과 같다.

우주에서 유용한 에너지가 고갈되어 갈수록 일어나는 사건은 점점 줄어들게 된다.

그것은 다시 말해 '시간이 점점 줄어듦'을 뜻한다.

열 종말의 최후 평행상태에 도달하게 되면 아무 일도 일어나지 않을 것이기 때문이다. 더 이상 아무 일도 일어나지 않는 상황, 해와 달이 뜨고 지는 일도 없고 나무와 풀이 자라지도 움직이지도 않고 천지만물이 꼼짝도 하지 않고 가만히 멈춰 있을 때 시간은 무슨 의미가 있을까?

더 이상 시간은 존재하지 않는 것이다.

여기에 생각이 미치면, 세계의 에너지가 빠른 속도로 소비되면 될수록 장차 일어날 일의 수효는 줄어들고, 따라서 세계에 남겨진 시간은 짧아진다.

보다 많은 양의 에너지를 사용하면 할수록 시간은 그에 비례해 빨리 줄어든다.

에너지를 많이 사용할수록 우리 시간은 그만큼 더 줄어들고,

세상의 종말, 평온은 더 가까워 온다는 뜻으로 풀이된다.

시간은 항상 미래로만 흐른다. 왜 그럴까?

그것은 에너지가 항상 사용 가능한 상태로부터

'사용 불가능한 상태에로만 진행되기 때문이다.' …〈인간어〉

'골고루, 안정으로만 가기 때문이다.' …〈우주어〉

詩想
002

비만에로의
새로운 접근

· · ·

오늘의 나, 다 그 덕이다

⋮

오늘날 비만이 엄청나게 욕을 먹고 있다.

'제발 살 좀 뺐으면…' 비만은 만병의 근원이란다.

만약 의학적으로 비만기능의 제거수술이 가능하다면 응하겠는가?

그렇단다. 너도 나도다. 어이가 없다. 큰일 날 소리다.

남극의 신사, 펭귄.

펭귄의 알 품기는 수컷의 몫이다.

알 품기에 40여 일을 전혀 먹지 못한 채 꼼작 없이 버텨야 한다.

잠시만 한눈을 팔아도 알이 얼어 죽기 때문이다.

곰 뱀 개구리의 기나긴 겨울잠, 철새의 오랜 비행.

몇 달 몇 날을 안 먹는 데도 용케 살아남는다. 그 비방은 무엇일까?

삼풍백화점 붕괴사건, 탄광에 매몰된 광부, 일본 고베, 중국 사천성 지진 등으로 콘크리트 더미에 깔렸던 생존자 구출 장면. 참으로 극적이었고, 모두를 눈물로 환호케 했다. 1주일 아니 열흘 넘게 안 먹고도 배겨낸 것이다.

무엇이 그토록 고맙게 생명을 연장시킬 수 있게 만드는가?

그것은 우리 몸 곳곳에 비축되어 있는 비만이라는 이름의 비상 영양소, 바로 지방, 그것인 것이다.

비만, 너의 크나큰 덕으로 우리 조상님들이 그 모진 상황하에서도 목숨을 부지할 수 있었다.

그러기에 오늘의 내가 있는 것이다.

비만님, 그렇게 고마울 수가!

비만, 우리 몸의 비상식량이다

:

여기서 한 가지 분명히 해둘 일이 있다.

우리 몸의 비만이 미운 것인가?

아니면 비만 기능 자체가 미운 것인가?

오랜 가뭄과 추운 겨울, 그리고 초근목피의 극한 상황 등을 염두에 두고 조물주가 인간을 설계하지 않았을까?

인간은 공기가 없으면 3분, 기껏해야 5분을 버티지 못한다.

음식물의 경우 사람에 따라 차이가 있으나 아무것도 먹지 않아도 3~4일은 생명을 부지할 수 있다. 한두 끼 못 먹었다고 곧바로 죽지 않는다는 것이다.

아프리카 원주민과 미국으로 이주해간 흑인, 어떤가?

말 그대로 홀쭉이와 뚱뚱이다.

한쪽에선 비만 때문에 죽는다. 다른 한쪽에선 그 덕에 안 죽고 버티고 산다.

그곳 가난한 땅에 가서 1년만 같이 살아보라.

다이어트 걱정 끝이다. 단 토착민 생활을 참고 따라할 수만 있다면.

오늘에 와서는 그런 상황과는 달리 먹을거리가 엄청 풍부해진 세상인지라,

비상시를 대비한 비축대상이 워낙 많이 쏟아져 들어온다는데 문제가 있다.

현대인들은 배고픔을 잊고 산 지 한참이다.

어찌 조상들이 겪었던 그런 어려운 극한 상황을 상상이나 할 수 있을까?

세상은 불공평한지도 모른다.

한쪽에선 배가 터질 것 같아 죽겠는데 다른 쪽에선 배가 고파 죽겠다니, 그것이 문제다. 넘쳐나는 자와 꼬르륵 소리가 나는 자가 지구촌 안에 같이 살고 있다니?

조금만 마음을 쓰면 길이 있을 것 같기도 한데, 그것이 문제다.

선심도 베풀고 비만도 해결하고

마음 먹기에 따라

산다는 것이 그렇게 어려운 일인 것만은 아닌 것 같다.

지방, 생명의 비상 도시락

:

현대인들, 특히 젊은 여성일수록 지방을 미워한다. 살찌는 주범으로….

하지만 우리 몸에는 절체절명의 비상시 구급식량이 있어야 한다.

그것은 지방, 고맙기 그지없는 생명소 저장창고다.

오늘날 우리들, 특히 도시사람들의 생활은 어떤가?

돈만 있으면 입맛에 따라 배를 불릴 수가 있고

걸음 아끼도록 교통시설도 잘 발달되어 있지 않은가.

한마디로 운동할 기회가 없어졌고 여기에 그저 편안함만 누리려는 현대인

들이다.

동물, 식물 할 것 없이 먹지 않고는 살 수 없다. 특히 인간을 포함한 동물은

배가 고프면 아무리 귀찮아도, 몸이 불편해도 먹이를 구하러 나서야만 한다.

일부러 운동을 하려고 했던 것은 아닌데도 이 과정에서 조상들의 근육은 알

게 모르게 단련될 수밖에 없었다. 그런데 요즈음은 전혀 그렇지 않아도 된

다는 게 바로 문제다.

우리 몸에 있는 지방은 생명의 에너지로서 근육질에서 이를 태워 체온을 유

지하게 하고 또 운동에너지를 공급해준다. 주위를 둘러보면 조금만 걸어도 피곤하다고 야단들이다. 그리고 모두들 눈코 뜰 새 없이 바쁘고 힘들다면서 계단을 외면한 채 에스컬레이터로 몰려들고 운동이고 뭐고 엄두도 못 낸다고 푸념들이다.

그러면서도 스트레스 푼답시고 엉망이 되도록 마셔대다가 몸도 제대로 가누지 못한 채 밤늦게 귀가길에 든다. 간혹 일찍 집에 돌아오는 경우에도 잔뜩 먹어대고, 연달아 마시고는 '아이고 배불러' '배터질 것만 같아' 라며 편안한 소파에 기댄 채 TV 보기에 저녁 한때가 짧다.

다들 건강의 중요성을 이야기하며 운동을 해야지 하면서도 헬스 클럽에 다닐 시간도, 러닝머신을 살 경제적 여유도 없다고 한숨이요, 타령이다.

걷고 오르고 뛸 수 있는 좋은 시설이 곳곳에 있다.

거창하게 나올 것도 없이 도시락에 교통카드 한 장이면 닿을 수 있는 풍치 좋고, 물 맑고, 공기 좋은 산이 지척에 있고, 고궁 공원 시민운동장 한강공원 등 많고도 많다. 마음만 먹으면 공짜인 좋은 헬스 시설들이 곳곳에 마련되어 있는 것이다.

여성들은 근육질을 미워한다.

예뻐지고자 하는 바람이 깔려 있어 수긍이 가기도 한다.

그런데 여성에게도 어느 정도의 힘살은 필수적이다.

'자동차 엔진' 에 해당하는 근육,

시속 110km는 달릴 수 있어야 하지 않겠는가!

적합한 운동으로 걷기, 맨손체조, 탁구, 배드민턴, 수영, 줄넘기, 곤봉 등 찾으면 있다. 짬을 낼 수 없다고 툴툴대는데 핑계일 뿐이다.

문제는 의지고 습관이다. 신이 주신 은총을 미워하기보다는 우리네 조상들이 했던 바 아니 그보다는 더 즐겁고 재미있는 근육 단련법을 찾아 건강을 찾고 날씬함을 찾고, 아름다움을 찾아야 하리라.

바쁘다, 시간아 날 살려라 하면서 속성식품(Fast food)이나 찾고,

그러면서도 정작 현실 세계에서는 뭘 할지 몰라 하품해 대며 지루해 한다.

지방 연소기관으로서의 근육, 그 님이 좋아하는 것이 일이며 운동이며 생동인 것을….

고운 스트레스,
미운 스트레스

- - -

스트레스, 적인가 동지인가?

:

스트레스 좀 안 받고 살 수는 없을까?

'생물에 가해지는 여러 상해나 자극에 대해 체내에서 일어나는 생체반응' 이것이 바로 스트레스(Stress)다. 스트레스라는 용어를 처음 쓴 셀리 박사는 캐나다의 내분비학자인 의사라 그런지 건강과 병리적 측면에 초점이 맞추어져 있다.

잠시 무대를 먼 조상들의 삶의 현장으로 옮겨보자.

밤낮 없이 위기와 재난이 잇따르던 시대.

어느 날 갑자기 큰 호랑이와 맞닥뜨렸다면, 그 시점에 가장 중요한 것은 무엇일까?

살아남기다. 오직 하나, 어떻게 해야 살아남을까 그것뿐이다.

'차에 깔린 아들을 구하려고 범퍼를 번쩍 든 엄마' '늑대를 맨주먹으로 때려누인 어느 길손' 이러한 예가 아니라도 우선 그런 경우, 젖 먹던 힘이 솟구쳐 올라야 한다. 그렇게 해서 맹수와 싸워 이기든지 아니면 도망쳐 피하든지 두 갈래 뿐이다.

이때 젖 먹던 힘을 내게 하는 경이로운 비책, 그것이 바로 스트레스 호르몬이다.

살아난 다음에 행복이고 부귀고 영화다.

죽어버린 후에 만사 무슨 소용인가?

이처럼 스트레스는 위기일발에 처한 우리를 살아남게 하는 힘, 바로 우주의 선물인 것이다.

스트레스에 대한 부정적인 이미지를 털어내고 살아남기 위한 비책으로서 주어진 은총, 그런 고마운 '생명소'로 부르면 어떨지를 제안하고 싶다.

스트레스에 대한 우리의 고정관념, 이제는 바꿔야 할 때가 됐다.

그래야 스트레스를 보는 자세가 달라지고, 스트레스를 덜 받거나 또는 안 받게 되지 않을까?

백문이 불여일행(百聞 不如一行)이다.

탈스트레스로 간다.

젖 먹던 힘을 내게 하는 생명소

⋮

스트레스는 만병의 근원이라고? 음, 그럴 수 있다.

스트레스는 우리 삶의 생명소이자 활력소라고? 음, 이것도 맞는 말이다.

어느 쪽에서 보느냐 관점 차이다.

여기에서 진정으로 중요한 것은 전자는 '병' 과 관련되어 있지만 후자는 '죽음' 과 관련되어 있다는 사실이다.

우리가 어떤 위기 상황 등에 직면했을 때 우리 몸에 즉각적인 자동반응이 일어난다. 아드레날린 등 생체호르몬을 피 속으로 분비시켜 위험에 대처해 싸우거나 그 상황을 피할 수 있는 강한 힘과 에너지를 내게 한다.

어떻게 되는가? 혈압이 오르고, 호흡이 빨라진다.

근육이 팽팽하게 긴장되면서 닭살이 된다. 혈액에 당·지방의 양이 늘어나고 외상을 입었을 때 출혈을 방지키 위해 혈소판이나 혈액응고인자가 증가한다.

왜 이런 현상이 빚어지는 것일까?

그건 바로 우리 몸의 에너지를 한곳으로 모아주려고 하기 때문이다.

어디로 모이느냐고? 근육, 주로 팔 다리로 모인다.

치고, 박고, 피하고, 뛰고, 달린다. 이 순간 더 이상 중요한 것이 무엇이겠는가?

여타 기관들을 위한 최소한의 에너지만 남겨두고 동원 가능한 몸의 에너지를 몽땅 여기에 끌어 모아준다.

무엇이 이렇게 만드는가?

그것은 생명소(Stress), 바로 스트레스 호르몬이다.

수많은 관중 앞에 나서기를 고통스러워하는 사람이 있다.

여러 과목이 한꺼번에 몰리는 학기말 시험 때에 학생들의 학습 성과가 가장 두드러지며, 원고의 경우도 마감 직전에 이르러서야 가닥이 잡히고 진척이 빨라진다. 이처럼 인간은 나약하고 게으른 존재인지도 모른다.

그러기에 도전과 자극, 생존의 위협에 직면해서야, 달리 말해 스트레스를 받고 나서야, 그때 비로소 숨은 힘이 발동하는 것이다.

할 일이 없는 것처럼 무료하고 괴로운 일도 없다.

전쟁중에는 자살률이 급격히 줄어든다.

긴장상태가 풀리면 쉬 늙고, 사망률 또한 증가한다고 한다. 퇴직자 실직자 등에서 익히 보아온 바다.

생명소의 원초적인 문제점

⋮

동전에 앞뒷면이 있듯이 어떤 일에나 양면성이 있게 마련이다.

생명소를 작동하기 위해 분비되는 우리 몸의 호르몬,

고맙기 그지없는 아드레날린인데, 이 물질이 바로 화학적 독극물이다.

절대위기에서 우선 생명을 구하기 위해 불가피하게 꺼내 드는 마지막 카드.

그런데도 독은 어디까지나 독인지라 우리 몸에도 좋지 않을 수밖에 없다!

스트레스를 받게 되면 혈액, 산소, 영양분 등이 위기대응기관인 팔 다리 뇌로 우선적으로 보내진다. 다른 주요기관인 소화기관·신장·간 등은 그 상황에선 한참 뒷전인 것이다.

이렇게 되면 우선 간의 해독작용이 그렇고, 위장, 신장 등도 평상시 잘해 오던 제 기능을 제대로 해내지 못하게 된다. 그러면 어떻게 되겠는가?

당장 소화불량, 피로·두통·불안, 우울증 등에다 과민반응, 신경질적인 행동 등이 나타난다. 그러기에 스트레스를 보는 시각이 중요한 것이다.

스트레스를 미워해서 피해 도망치다보면 더 무섭게 쫓아오고, 스트레스를 깊이 이해하고 감사해 하면 활력선물을 주고는 뒷걸음쳐 사라진다.

그러기에 스트레스는 조물주의 은총으로서의 활력소인가 하면, 만병의 근

원인 독으로서의 두 얼굴, 야
누스인 것이다. 어느 얼굴을
택할 것이냐는 전적으로 우리
자신의 몫이다.
여기에 이르면 불가의 한 구절
이 가슴에 와 닿는도다.

'세상살이에 어려움이 없기를 바라지 말라. 세상살이에 어려움이 없으면 마
음이 교만해지고 생활이 사치해지나니, 그래서 성인이 말씀하시기를, 근심
과 곤란으로 세상을 살아가라 하셨느니라.'

좋은 생명소 나쁜 스트레스

⋮

학창시절에… 문을 닫아야 한다는 재촉을 받으며 도서관을 나설 때 오늘은 뭔가를 좀 한 것 같은 뿌듯함을 맛보곤 했다.

자기가 맡은 바 일에 최선을 다하고 있는 모습은 언제나 보기 좋고, 아름답다.

힘들고 졸리더라도 밤을 새워 할 일을 끝냈을 때 오히려 마음이 편하고 만족감으로 충만하지 않던가?

스트레스를 피하지 말고 과감히 맞서보라. 이것이 스트레스를 이기는 길이다.

시간을 갖고 고생이 되더라도 강의 준비를 충분히 한 날에는 강단에 서서 강의도 잘 되고 신명도 난다. 그런데 제대로 준비를 못한 날에는 횡설수설하게 되고 진땀이 난다. 스트레스다.

작은 선행만 해도 그렇다. 등산길에 위험해 보이는 나뭇가지를 손본다든지, 어린이 놀이터에서 유리조각을 줍는 일, 대중교통 이용시 몸이 불편한 분께 자리를 양보하는 것 등 남 몰래 행한 작은 일이 스트레스를 덜어주거나 잊게 하는 청량제가 될 줄이야, 의외다!

'모든 병은 욕심에서 온다' 고 한다. 베풀어 보라!

움켜쥐는 데서 비롯된 스트레스로부터 풀려남을 느낄 수 있을 것이다.

습관성 분노자 중에는 심장병 환자가 많고, 정신박약자들에서는 좀처럼 암 환자가 안 나타난다고 한다.

비극적인 위안일 뿐일까?

직장에서도 혼자만 틀어지고 있지 말고 전결의 폭을 가능한 넓혀 아랫사람에게 과감하게 맡겨보라. 이것이 나눔의 한 방법일 수 있다. 그리고 결과도 좋을 것이다.

통계에 따르면, 우리나라 직장인의 건강의 적은

업무상 스트레스(39%), 운동 부족(29%), 불규칙적인 생활습관(11%) 등이며, 건강을 위해 당장 해야 할 일은 운동(44%), 스트레스 해소(25%), 금연(10%) 순위였다고 한다. 스트레스는 일하면서 풀어야 한다.

할 일을 미루거나 자꾸만 쌓아둘 때 커지기 마련인 스트레스, 떨쳐 버리려고 한적한 곳을 찾아 도망치다시피 떠난 사람도 3~4일이 고작이고 일주일쯤 되면 심심해서 못 견뎌 하는 것이 우리들 인간이다.

스트레스를 있는 그대로 받아들이고, 그 가운데서 변화를 추구할 일이다.

가정주부보다 직장여성이, 자식 없는 부모보다 자식 여럿 둔 부모가 더 젊게 산다. 어찌하여 그럴까?

적당한 스트레스는 삶의 활력소이기 때문이다.

현대는 불확실성의 시대이자 위기의 시대이다. 살다보면 호기도 있고 위기도 있기 마련이다. 설사 일이 잘못되더라도 몸이 건강하고 정신만 차리면 언제고 만회하고 극복해나갈 수 있다. 좋은 스트레스를 만들어 나가는 쪽으로 살자.

이열치열이다.

신명나는 일을 하다보면 해선 안 되는 일, 나쁜 일은 저절로 멀어져 가거나 해결되고 만다. 인간만사 새옹지마(塞翁之馬)라 했던가!

한자리 차지했다고 거들먹거리고, 돈 배가 좀 불렀다고 용트림 해댈 일이 아닌 성싶다.

그런데 세상 또한 많이 좋아졌다.

스트레스 아닌 생명소를 얼마든지 만들어 갈 수 있는 그런 세상이다.

06

엉성이의
물 따라 바람 따라

詩想
001

어릿한(Han)의
과학 창 세상보기

. . .

말이 안 되면서도 되는 소리

:

 친구들은 필자를 일러 '엉성'이라 한다. '영성'에서 나사 하나가 빠졌다나 어쨌다나….

처음에는 화도 났고 못 마땅했지만… 그런데 살다보니 어쩌나, 짚이는 데가 있으니 … 엉성이로, 아무튼, 그렇게 살기로 했다.

엉성한 이야기 시작의 변이다.

행복해서 노래를 부르는 게 아니다. 노래를 부르니까 행복해지는 것이다.

즐거워서 웃는가? 아니다. 웃으니까 즐거워지는 것이다.

좋아하는 것처럼 말하고 존중하다 보니 나도 모르게 좋아지고,

사랑스럽게 생각하고 그렇게 행동하니까 그님 사랑이 차츰 자라나더라! 이거라고.

가난하게 살고 싶으면 궁색한 척 징징거리고 한숨 쉬고 동정 받기에 이골이 나게 살고, 부유하게 살려면 윤택하게 여유롭고 명랑하고 자신감 넘치게 그렇게 살아가면 되는 것이다.

건강하게 살고 싶으면, 활기찬 걸음걸이로 걷고, 감사한 마음으로 먹고, "좋은 하루였어"하며 잠자리에 들고, 화장실에서는 콧노래를 부르라. 골골하게 살고 싶으면, 넘어질 듯 힘들게 걷고, 투덜대며 먹고, 천근같은 내 몸뚱이야 하며 잠자리에 들면 된다.

"그런데 이보시오, 이 세상에 건강 부자 행복 싫어하는 인간, 그런 사람이 있기라도 하단 말인가요, 뭐요?"
"안 그런 척, 때로는 그런 척 하라는데 그게 어디 도깨비 방망이처럼 돈 나와라 뚝딱, 밥 나와라 뚝딱, 그렇게 되는 일이기나 하다는 건지 뭔지 원…
도통 맹랑한 소리다 이겁니다."
"그런 분들 차렷, 우주 앞으로! 입니다."

배움의 재미, 생각하는 갈대

:

때때로 배우고 익히니 이 또한 즐겁지 않는가!

(學而 時習知 不亦說乎)

먼 데서 친구 찾아줘 낙이요, 세파에 코꿰지 않으니 남아답다.

(有朋自遠方來 不亦樂乎 人不知而不慍 不亦君子乎)

논어(論語)의 시작이자 핵심이다.

3가지 즐거움 중 그 으뜸이 '배움'이다.

사람들은 많은 시간을 학교에서 보낸다.

초 · 중 · 고 12년, 대학 4년, 결코 짧은 시간이 아니다.

그런데 지금에 와서 되돌아보면 혼났던 일, 즐거웠던 일, 애타했던 일 등이

대부분이고, 수업을 통해 배운 것은 극히 일부밖에 기억나지 않는다.

그나마 배운 것이 장차 직업이나 인생에 얼마나 도움이 되는가?

그처럼 긴 시간을 들여 꼭~ 배워야 하는가?

그렇다. 배워야 한다. 아는 것이 힘이므로…

알려면 그것이 학교공부건, 사회 및 인생공부건 배움을 통하지 않고는 불가능하기 때문이다. 일단 잊어버려도 꼭 필요한 경우에는 되살아난다.

배워본 적도, 경험한 적도 없는 사람에게는 이런 되살아남이 일어날 수 없지 않겠는가?

왜 배워야 하는가? 답은 한마디로 지혜를 얻기 위해서다. 살아가는데 필수적인 판단과 선택을 위해서다.

사람들은 모든 것을 자기머리로 생각하는 줄 알지만 실은 남의 생각을 그대로 흉내내고 있으면서 마치 그것이 자기 생각인 양 착각하고 있다.

삶은 문제의 해결과정이며 그 열쇠는 '생각하는 힘'이라 했는데, 예사로운 일이 아니다.

불확정 시대에 살아남기 위한 뾰족한 수가 따로 있는 것도 아니고, 내로라하는 족집게 점쟁이도 갈팡질팡하는 판에 믿을 것은 오직 하나, 자신의 지혜뿐이다.

문제의 심각성을 알았다면, 더는 앵무새이기를 접고 스스로 생각하는 갈대로 거듭나야겠다. 설사 틀리는 경우가 있다 해도 남의 생각 흉내내다 틀리는 것보다 자기머리로 생각해서 틀린 쪽이 훨씬 떳떳하고 뒷맛도 개운할 수 있다. 안 그런가!

충남대 운동장을 찾은 까닭

···

마라톤 경기, 중도에서 포기한 선수가 결승점에 다다를 가능성은 털끝만큼도 없다.

더욱 고약한 것은 일단 좌절감에 빠지면 죽을 때까지 그 못된 것이 그를 붙들고 놓아주지 않는다.

알아들을 법도 한데 진단만 있고 처방은 없단 말인가?

어설프지만 엉성이 이야기 한 토막이다. 엿장수 마음대로, 붓 가는 대로다.

공무원 사회는 조직사회이자 계급사회다. 어느 조직이나 위로 올라갈수록 자리수도 적고 경쟁 또한 치열하기 마련이다.

과기부 차관으로 명을 받은 한 달여 후, 1993년 4월 어느 날, 업무차 연구단지가 자리잡고 있는 대전 출장길에 올랐다.

의아해하는 기사를 재촉하여 대전에서 첫발을 내디딘 곳은 충남대 운동장.

그날따라 운동장은 넓고도 한가했다. 천천히 트랙을 따라 발길을 옮기면서 밀물처럼 다가서는 감회를 억누를 길 없어했다.

좀 쑥스러운 이야기지만 중앙부처의 차관보는 차관 승진을 눈앞에 두고 꿈

에 부풀어 있는 자리다. 그런데 이게 웬 날벼락인가,

'안면도 사태'의 기억을 되살리면 짐작이 가겠는데 소위 핵폐기물 처분장 문제로 의견이 갈렸고, 결과적으로 좌천이라는, 속된 말로 물먹은 신세가 되고 말았다.

극히 드문 예외가 없는 것은 아니나 정상 궤도를 벗어난 기차는 탈선이고, 공직자는 옷을 벗어야 한다.

실제로 이와 같은 조짐이 피부로 느껴졌고 위기감과 좌절감이 온몸을 덮쳐 왔다.

지푸라기를 잡는 심경으로 책, 그것도 야한 것까지 잡아봤으나 헛일이었고, 고량주를 들이켜봐도 별 소용이 없었다. 미치고 환장하겠다는 말이 이런 경우를 두고 생겨 난 말인지도 모른다.

같이 시간을 보내줄 사람도 딱히 없었을 뿐더러, 굳이 찾아 나서면 한두 번은 응해주기도 하겠지만 왠지 혼자 있고 싶었다.

숙소인 좁은 공간에 틀어 박혀 술병을 비워대는 데도 울화통으로 가슴이 답답해와 견딜 수가 없었다. 하여 아무도 모르게 혼자이면서 당장의 답답함을 풀어줄 대상을 찾게 되었고, 어둠에 묻힌 대학의 운동장이 떠올랐었다.

충남대 운동장과는 이렇게 해서 인연을 맺게 되었다.

암흑의 신이 돌봤는지 뛰고 싶다는 생각이 들었고, 그래서 '달밤의 체조'가 시작됐다. 궂은 날 갠 날 할 것 없이 밤마다 이어졌으니…

한 바퀴 두 바퀴, 열 스물~ 아니 쓰러질 때까지 뛰는 것이다.

더는 안 되는 순간에 이르면 주저앉았고 이어 하늘을 향해 큰 대자로 드러

눕고 만다. 한참을 이러고 있노라면 등으로부터 찬 기운이 상쾌하게 올라왔다. 몸은 축 늘어져 종이 짝 한 장 들어 올릴 힘이 없을 것 같은 데도 기분만은 달랐다.

야릇한 생기가 도는 것이다.

오랜만에 샤워가 시원했고 물맛 맥주 맛이 제 맛이었다.

악몽 없이 한밤을 푹 자고 나 눈을 뜨니 어제와는 다른 아침이 나를 반기는 것이 아닌가!

마음의 평화

⋮

마음의 평화, 그리고 행복,
소망스러운 그 님을 어디에서 찾을까?
그것은 돈일까, 명예일까, 권력일까?

대재벌 그룹의 총수, 대학총장, 역대 대통령…
속속들이는 잘 모르지만… 송사가 불거져 나오고, 정도를 이탈하는 일이 잦
고, 건강악화에 시달리고, 말년이 비참하고 때론 쇠고랑까지 차고, 줄줄이
엮여 들어가는 장면 등을 보면서… 부러움을 사고 선망의 대상일지는 몰라
도, 진정 행복과는 거리가 멀게 느껴졌다.

하늘을 우러러 한 점 부끄러움이 없는 삶,
기막히게 좋은 말이나 왠지 나에게는 너무 아득하기만 하다.
차라리 사소한 일상에서나마 떳떳하고 당당해지려면 어떻게 해야 하는가를
묻는 것이 훨씬 나답고, 피부에 와 닿는다.

미 원자력 규제위원회(USNRC)에 파견 중이던 1970년대 중반 어느 날, 워싱턴 근교의 한 백화점에 들렀을 때의 일이다.

손지(Shopping Mall). 무슨 말인지 당시로서는 이름도 생소했거니와 규모가 크기도 하고 물건 또한 많고도 다양했던 것으로 기억된다.

주머니 사정도 얄팍했고 무엇을 꼭 사겠다고 나선 걸음도 아니었기에 한참 구경(Window shopping) 잘하고 나오려는데, 건장한 젊은 녀석이 길을 가로막더니 손가락질로 따라오란다.

이어서 한바탕 소동이 벌어졌다. 가방을 열어 보여 달라고 해서 "의심받을 짓 안 했으니 열 수 없다"로 맞섰다. 응해줄 수도 있었지만 무엇보다도 기분이 나빴고 자존심이 상해, 어디 해볼테면 해보자로 치닫고 말았다.

그러다보니 실랑이가 한동안 이어졌다.

마침내 책임자로 보이는 사람이 나타났다. 대충 알아듣기로는 '번거롭게 해서 미안하지만 요청할 수 있도록 되어 있으니 협조해 달라'였고, 나는 '의심 살 일 안 했으니 그냥 가겠다'고 했다. 그래도 안 되자 "물건을 훔친 것을 보았는가? 열어봐서 없으면 어떻게 보상할텐가"고 따졌다.

쉽사리 가려질 시비가 아니었지만 어쨌든 앞서 젊은 녀석들과는 달리 공손하고 정중했다. 결국 '저 친구들 앞에서는 죽어도 못 연다. 당신 방으로 가자'고 우겼다.

마침내 둘만의 자리가 마련되었고 짧은 침묵이 흘렀다. "꼭 열어야 하느냐?"

한참을 빠히 쳐다보던 책임자가 "그럴 필요 없다"고 한다.

혹시 잘못 들었나 해서 "열 필요가 없다고 했느냐?"고 했더니 그렇단다.

상황은 반전되었고, 10년 묵은 체증이 싹 가시는 느낌이 들었다. 나는 가방을 활짝 열어 제꼈다. 우리는 함박웃음과 함께 굳은 악수를 나누었다.

무엇이 낯선 이국 땅, 서투른 외국어에도 이토록 세게 나오게 만들었던 것일까?

자존심 문제라 했지만 그것만은 아니었다. 그때 만일 손지갑 하나라도 슬쩍했더라면 그렇게 나올 수 있었을까? 그리고 그처럼 당당하고 떳떳할 수 있었을까?

컨닝(Cheating) 해본 사람은 안다. 가슴이 두근거리고 손이 떨리는가 하면 이마에 진땀까지 났던 기억이 있을 법하다. 나의 경우가 그랬다.

한때의 장난일 수도 있는데 왜 그랬을까?

인간은 정직하게만 살아가기 어려운 그런 나약한 존재인지도 모른다. 그래서 얼마간 부정을 저지르면서, 어느 선에서 체면 차리면서, 그렇게 살아가고 있는 것은 아닐까?

거짓말은 도둑의 시작이다. 바늘 도둑이 소도둑 된다는 말도 있다. 이제까지 거짓이 없었다고 떳떳하게 대답할 수 있는, 아니 실제 그런 사람이 몇이나 될지 알길 없다.

학교에서 교회에서 사회에서 귀가 따갑도록 들어온 '정직(正直)', 그런데도 아직도 재방송이 곳곳에서 거듭해서 들려오고 있는 현실만 보더라도 정직이야말로 가장 실행하기 어려운 그런 일 중의 하나인 것 같다.

걱정도 팔자

미국에 있는 병원의 침대수를 합하면 약 800만에 이른다고 한다. 그 중 절반을 정신계 질환 환자가 차지하고 있다니 놀랍지 아니한가!

이 걱정, 저 염려 해대다 보니 병원 문턱이었고 뒤늦은 아차! 염라대왕 앞이더란다.

보험회사가 돈 버는 방법도 알고 보면 누워 떡먹기다. 십중팔구 일어날 수 없는 확률을 내세운다. 그러면서 익살스럽게도 겁주는 것이라 하지 않고 안전 · 보험(Security)이라 한다.

그때 걱정한 대로 걱정이 현실로 나타났더라면 보험사는 거덜이 나고 말았을 터인데 '아니올시다' 다. 땅 집고 헤엄치기다.

위궤양은 치료하기 어려운 병이다. 그도 그럴 것이 음식을 잘못 먹어 생긴 병이 아니라 걱정을 많이 먹어 생겨난 병이기 때문이다. 마음병인데 몸약으로 낫기나 할 법한가?

고혈압 증세로 고생하는 사람들의 개인적인 특징은 원한에 기인한 고민이 많단다. 용서하라. "오른뺨을 맞으면 왼뺨을 내줘라." 더 이상 코웃음칠 그런 소리가 아닌 성싶다.

세상에는 불가항력의 일들이 있다. 서산에 지는 해, 내리는 비, 죽음 등 어쩔 것인가? 받아들여야 한다. 아니면 그것에 대항해서 자신의 인생을 파멸로 내몰든가… 신경쇠약에 시달리던가… 해야 한다.

어쩔 수 없는 상황과의 싸움을 그만 두면 우선, 걱정의 상당수가 줄어든다. 되물을 것도 없다. 해보면 안다.

'아더 팽크' 라는 영국의 실업가는 매주 수요일을 '염려의 날' 로 정하고 걱정거리가 생길 때마다 날짜와 내용들을 적어 상자에 넣어 두었다. 그 후 상자 속의 메모지를 살펴보다가 그는 놀라움을 금치 못했다.

상자에 넣을 당시만 해도 앞이 캄캄했던 일들이 지나고 보니 대부분 별로 대수롭지 않은 문제더라는 것. 걱정도 팔자다! 얼마나 옳은 말인가.

걱정을 떨쳐버리는 방법은 없을까?

물론 있다. 쉽지는 않지만. 알고 싶다. 꼭이다.

걱정, 도망치면 커지고 멱살잡이 하면 작아진다고?

그 정도는 나도 알고 안다.

'지난날의 회한도, 앞으로의 불안도 일단 접어놓아야 한다.'

답답하긴, 그게 맘대로 돼야지, 어떻게 접냐구?

지금 하는 일에 최선을 다해 성취를 맛보고, 만나고 있는 사람에게서 반가움을 찾고, 식사의 맛에, 스포츠의 즐거움에, 가족과의 한때에, 시원한 목욕에, 한줄 한줄 책 읽는 재미에… 그런 순간순간에 푹 빠져 지내면 된다, 이 겁니다.

걱정에 대한 치료법은 무엇인가 생산적인 일에 몰두하는 것이다. 걱정할 시간이 있으면 걸어라, 안 되면 뛰어라. 미쳐라, 빠져라. 스쿠버 다이버도 좋고 행글라이딩도 무방하다.
인수봉 절벽에 대롱대롱 매달려 보라구! 다만 남에게 피해를 주지 말아야 하고, 죽음에 이르게 해서는 안 된다.
인간은 어떤 고민이 있을 때 그것에 관한 사실관계를 생각하려 노력하지 않고 다른 수단에만 의지하려는 경향이 있다. 우리는 우리의 사고를 감정과 구분해야 한다. 왜냐하면 고민은 자기감정에 더욱 몰입하게 만들기 때문이다.

감정은 곧바로 바꿀 수 없지만 행동은 바꿀 수 있다. 재미있는 것은 먼저 행동이 바뀌면, 자기도 모르는 사이에 감정도 바뀌게 됨을 우리는 살아오면서 이미 터득해 알고 있다.
자! 행동 앞으로다.

양자의 세계와 일장춘몽

⋮

춘향이가 천신만고 끝에 어사또와의 꿈같은 사랑을 이루고,

심청이가 임당수의 효심으로 왕비가 되어 아버지의 눈을 뜨게 한다.

그리고 오래 오래 행복하게 잘 살았단다. 한마디로 웃기는 소리다.

왜 그러냐고 대들 것도 없는 것이 영원한 행복이란 없기 때문이다.

소설로는 가능할지 몰라도 현실적으로는 100% 불가능한 세계인 것이다.

한 소녀의 꿈을 보자.

달콤한 사랑, 단란한 보금자리를 꾸리고, 예쁜 아이를 갖게 해줄 그런 남성을 그린다. 그런 꿈을 이뤄 오래오래 행복하게 살고파라다.

그런데 이 무슨 도깨비 장난일까,

그토록 바랐던 소녀의 기도는 현실이 되었는데도, 그게 아닌 것이다.

어느 새인가 당연시되고 덤덤해지는가 했는데 싫증감 같은 것까지 겹친다.

이어 뭔가가 부족하고 불만스러움이 쌓여간다.

더욱 모를 일은 남편과 아이가 거짓된 어떤 대상이거나 심지어는 전생에 얽힌 멍에로 여겨지기까지 한다.

소년의 경우래서 크게 다를까?

끼니 걱정(浮黃)만이라도 면할 수만 있다면… 입학시험이나 고시에 합격만 한다면… 그녀와 결혼만 하게 된다면… 내 집을 갖게 될 수만 있다면… 사장이 되고 고위직에 오르고 당선만 된다면… 침몰하는 배나 추락하는 비행기에서 살아남기만 한다면… 그렇게만 된다면 더 이상 무엇을 바랄 것인가? 그 이상의 원도 한도 없으며 그 자체로 기쁨이요 행복이겠단다! 그런데… 정말 그럴까?

너나 할 것 없이 우리 모두는 자신이 가진 행복은 그대로 지니고 싶고 그 위에 다른 것들을 보태고 싶은 것이다. 무엇을 바라든 간에 그것이 성취되면 만사형통이어야 하는데 그렇지 못하고 오래지 않아 또 다시 갈증을 느끼는 그런 과정이 되풀이된다. 만고불변인 인간의 속성인 것인가!
아무리 노력해도 잘 안 되는 일이 있는가 하면, 다행히 되더라도 좀 더 되고 싶기 때문에 불만이 자라고 그래서 결국 안 된 것처럼 비쳐지고 만다.
완전한 인간, 완전한 사회, 완전한 결혼, 완전한 친구? 이룰 수 없는 것들이로다. 완전에 대한 기대는 환상이며, 이의 추구는 필연적으로 환멸을 불러오게 되어 있다. 어떻게 하면 이 무서운 덫에서 풀려날 수 있을까?
그 해답은 환상에서 벗어나는 것이다. 영원히 이룰 수 없는 신기루이기에. 그래야만 황홀감은 일시적이며 영원한 행복이란 허황된 것이란 것을 받아들일 수 있겠기에다.
만물의 근원인 양자. 그 세계가 영원이란 없고 변화의 연속이다.
그러니 그들이 모여 이뤄진 이 우주… 무상(無常)인 것이다.
그래서 불가에서도 제행무상이라 했던가?

누구를 위하여 종은 울리나

:

꼴도 보기 싫은데 눈앞에 나타나 약을 올려대고
생각 안 하려 해도 꿈속에까지 나타나고
 죽도록 밉고 닭살이 돋는다.
그래서 이를 갈아 댔더니 내 이가 흔들거리고,
치를 떨어 댔더니 내 명치에 통증이 오고,
속을 부글부글 끓였더니 타는 것은 내 속이다.

가만 있자, 누굴 위하여 종을 울리는가? 모를 일이다.
원수를 손보려고 칼을 갈았는데 결국 자신을 찔러대고 있으니
이적행위이자 자살골이다.
만약 상대가 이 사실을 안다면 입이 찢어지게 '좋아라' 할 일이 아닌가!
그런 못난 짓을 제 딴엔 무슨 제갈공명의 비책이기라도 한 듯
기를 쓰고 해대고 있는 것이다.
참으로 꼴 보기 좋다. 천치 바보가 따로 있을까?
스스로 가슴에 불을 놓고, 고통 받고 있다니!

악을 악으로 갚으면 악순환이다. 스트레스를 받게 되어 있다.

그 미움 정도가 심하면 심할수록 더더욱 그렇다.

밥맛이 떨어지고 밤에는 제대로 잠을 이루지 못한다.

건강, 즐거움 등이 서서히 망가지기 시작한다.

왜 그럴까?

귀중한 에너지가 엉뚱한 데로 계속 빠져나가고 있기 때문이다.

우리 몸의 에너지는 일정하다.

미움 질투 시기 분노 다툼, 특히 복수의 칼갈이.

이들이 다 무엇인가? 하나 같이 에너지 과소비자들이다.

정작 원수에게는 아무런 손상도 입히지 못하면서

금쪽같은 자신의 에너지만 간단없이 파먹고 있는

그런 고약한 독충인 것이다.

"네 원수로 인해서 가슴의 불을 뜨겁게 지피지 말라.

 오히려 그 불이 네 자신을 태울 것이니…" 〈Shakespeare〉

누굴 미워하고 있는가?

맘대로 잘 안 된다며 구시렁거리고 있을 그럴 때가 아니다.

당장 거둬 들여야 한다. 그래야 건강을 찾고… 그리고 산다.

왕세자, 세종의 한과 꿈

⋮

살다 보면 실로 우연한 계기가 충격과 감동을

안겨주기도 하고, 그런가 하면 장차 우리의 운명을,

인생을 바꾸어 놓기도 한다.

 태종이 세자를 포함한 만조백관을 대동하고

경복궁 뜰에 나타났다.

특별한 날도 아니고, 예정된 행사도 없는 터라

참석자 모두의 얼굴에 궁금한 빛이 역력했다.

머리 위 일산 가장자리에 자주 눈길을 주곤 하는 왕을 따라

하늘을 올려다보았지만 눈부신 햇살만이 파란 하늘에 가득할 뿐.

기대가 크면 실망도 크기 마련.

끝내 하늘의 기적은 일어나지 않았고

역관(曆官)이 투옥되는 등 한바탕 소동이 일었다.

＊개국초기라 정통성의 약점을 안고 있는 새 왕실은 하늘의 이치를 터득하고 있는 제왕임을 내외에 인식시켜 통치의 기반을 튼튼하게 다지고자 했다.
총명한 세자만은 부왕의 속마음을 꿰뚫고 있었다.

사건의 발단은 이러했다.

중국 북경의 일식이 한양(서울)에서도 동시에 일어날 것으로 예측한
우리 천문기술의 한계였다.

이날의 해프닝은 훗날 세종이 된 세자에게는 대단한 충격이었으며
두 주먹을 불끈 쥐게 했다.

안개가 걷히고 선명하게 드러나는 그림, 극적인 동기부여는
이처럼 의외의 사건과 함께 왔다.

정치적 안정에 이어 세종은 새 왕조를 이념적으로 튼튼한 기반 위에 올려놓
아야 했다. 이와 같은 국가이념 과제는 앞서 일식 때 동기와 맞물려 불을 당
겼고, 열기를 뿜었다.

집현전 학자들에게도 새로운 국책과제는 공자왈 맹자왈과는 달리 손에 잡
히기 때문에 재미가 솟았고 특히 왕의 관심사라 서로 공을 다투었으니 오늘
날 경쟁논리다.

역사상, 적어도 한 시대에는 우리나라가 세계적인 과학기술국이었다.

비록 그 유산을 계승, 발전시키지 못해 천추의 한을 남겼지만, 앞으로 하기
에 따라 또 하나의 '과학기술선진한국'의 가능성을 지난날의 산 역사가 잘
말해 주고 있는 것이다.

대학자의 장수비결과 열정

⋮

오스트리아 태생의 경영학 대가, 피터 드러커(P.Drucker, 1909년생) 박사. 96세로 생을 마감하기 직전까지도 혜안의 저술과 강연 활동을 활발하게 계속했다. 어떻게 그렇게 할 수 있었을까?

독일 함부르크 대학생이자 견습공이었던 그는 비엔나 출신답게 음악을 좋아했다. 돈 없어도 미리 와서 한참 줄서 기다리노라면 학생에 한해 공연 10분 전 팔다 남는 표를 공짜로 얻을 수 있었던 것이다. 매주 1회, 이런 기회를 놓칠 드러커가 아니었다.

빠지지 않고 줄을 섰고, 오페라를 감상했다.

어느 날인가 그날도 별다른 생각 없이 늘 그래 왔던 대로 오페라좌로 향했는데 그날따라 완전히 압도당하고 말았다. 바로 베르디 작곡 '팔슈타프(Falstaff).' 믿기 어려울 정도의 힘을 전하며 밝은 인생의 기쁨을 노래한 이 오페라가 당시 평균수명이 50세였던 시절에 80세 노인에 의해 작곡되었다니 18세의 애숭이에게는 큰 놀라움이 아닐 수 없었다.

그때 고희의 베르디는 기자의 작곡 배경 질의를 받고 이렇게 말했다고 한다.

"음악가로서의 인생을 통해 나는 언제나 완벽을 추구해 왔다. 그리고 언제나 실패했음을 기억한다. 나에게는 또 한 번 도전을 해야 할 책임이 있었다."

기원전 440년, 그리스의 위대한 조각가 페이디아스, 그가 오늘날까지도 서양 최고의 작품으로 평가받고 있는 아테네 '판테온 신전'의 조각을 맡았다고 한다. 온 정성을 다해 완성했고 이어 청구서를 냈는데, 아테네 회계관이 이런 이유를 들어 거절을 했다는 일화 한 토막이다.

"조각은 모두 아테네에서 가장 높은 언덕에 세워진 판테온의 지붕에 있다. 따라서 등 뒷부분은 아무에게도 보이지 않는다. 그런데 당신은 그 누구도 보지 않는 부분까지 조각해서 그 액수까지 청구하고 있지 않는가, 그러므로 그 부분 조각비는 줄 수 없다."

이에 대해 페이디아스는 말했다.

"무슨 말인가, 신들이 보고 있지 않는가!"

또 하나의 충격이었다. 아무리 나이가 들더라도 결코 체념하지 않고 목표와 비전을 갖고 자신의 길을 걸어간다. 그 동안 실패가 반복되더라도, 누가 보고 있지 않더라도 완전을 추구하기로 결의를 다졌다고 하니…

이런 베르디와 페이디아스를 항상 떠올리며 대학자는 조금이라도 완전에 가까운 작품을 만들려고 노력해 왔다고 한다.

〈나의 이야기〉

누구나 비슷한 어린 시절이 있겠지만, 나의 경우도 책 하나만 들고 있으면

심부름이나 여타 가사에서 벗어날 수 있었다. 공부도 일도 못하는 어중이떠 중이 만든다고 아버지는 역정을 내시곤 했지만 어머니는 철저했다. 때로는 책보는 척 연극도 했는데 아는지 모르는지 공부하는 모습 자체를 그렇게 좋아하셨다.

그 덕에 힘입어서 서울로 진학, 겨울방학을 맞아 시골집에서의 어느 날, 그날도 고교시절에 하던 대로 밤 10시경 잘 익은 연시를 들고 어머니는 나의 방을 찾으셨다.

전기도 없던 시골이라 호롱불을 사이에 두고 모자간의 다정한 한때, 어머니의 손을 잡았다. 굳은살로 두터운 손은 언제나처럼 따뜻했는데도 왠지 가슴이 아리고 아파왔다.

자식의 학업을 신앙처럼 살아오신 그님의 소원이 있으신지, 있다면 무엇인지 여쭤어 보지 않을 수 없었다. "○○○ 어머니 묘(墓)." 충격이었다.

일찍 돌아가실 것을 아셨을까? 그님의 뜻을 아직도 제대로 헤아리지 못하고 있는 자식은 그날을 떠올릴 때마다 어떤 충격과 함께 한으로 목이 메인다.

불혹에 부르는 '다리' 노래

∷

"너는 다리 밑에서 주워 왔다"
말귀를 알아들을 만한 때부터 잊을만 하면
할머니가 되뇌이시곤 하던 말이다.
외아들에게서 태어난 첫 손자를 그렇게 귀여워 하시면서도
주워온 사실은 조금도 변할 기미가 보이지 않았다.
특히 예쁜 짓이나 미운 짓을 했을 때 후렴처럼 이어지는 다리 밑 아이 노래.
철이 좀 들어서는 자신을 거울에 비춰보곤 했다.
닮은 것도 같고… 영 아닌 것 같기도 하고…

돌아가시기 전에 사실을 반드시 밝혀주실 것이라고 믿었건만,
단 한마디도 남기시지 않은 채 저 세상으로 떠나시다니…
왠지 야속한 마음이 들기도 했다.
아차! 늦깎이는 송구스런 마음을 지울 수가 없었다.
하나는 알고 둘을 몰랐던 것이다. 할머니는 옳으셨다.
조산원을 겸하셨으니 못난 녀석 하나를 누구보다 먼저 주워올 수 있었던 것

이다.

당시만 해도 어려웠던 때라 비를 피해 다리 밑 편편한 곳에 삶터를 정하고서 끼니를 구걸했고, 그 중에는 거지 부자도 있었다. 그 아이가 내 또래였기에 더욱 끙끙댔던 것일까?

다리, 교량 아래서 주워 온 게 아니라 분명 '다리 밑'이다.
배울 만큼 배웠다고 큰소리치면서 그렇지 못한 할머니를 원망했던 엉성이,
지금 와서 다리 밑에서 주워온 놈이라는 말씀을 한 번 더 들을 수 있다면,
아쉽기만 하다. 그러면 그때 엉성이는 어떻게 나왔을까?
그것이 더욱 궁금하다.
그렇다! 그 다리가 바로 '그 님의 다리'인 것을!

엇박자 과학사랑
과학노래

과학을 왜 알아야 하는가?

⋮

과학에는 특별한 무엇이 있다!

오늘날 과학기술이 만들어낸 편리, 풍요, 안전, 건강, 문화 등과 관련된 우리 생활을 떠올려보라.

정보통신, 생명공학, 원자력, 해양, 우주개발 등이 앞장서서 펼쳐갈 새 세기 지식사회에서는 과학을 알지 않고서는 답답함을 넘어 살아가기조차 어려울 것이다.

과학은 마술이 아니다. 현대세계는 과학과 과학을 일상생활에 적용하는 행위인 공학을 기초로 움직여지고 있다. 과학을 알면 답답하고 불편한 일상에서 벗어나 재치 있고 생기가 돌며 기분 또한 좋아지는 생활을 할 수 있게 된다는 것이다.

모든 것이 그러하듯, 과학이라고 해서 좋은 면만 있는 것은 아니다.

과학이 가져다 줄 풍요와 편익은 최대로 누리되 그 폐해와 부작용은 최소로 해야 한다.

그렇다면 이 같은 중차대한 국가과제에 대한 결정을 누군가가 내려야 하는데… 민주사회에서 의사결정 주체는 바로 국민이다.

과학을 잘 아는 국민이 극히 소수일 때 현명한 판단을 기대할 수 있겠는가?

전문과학자가 꿈이 아니라고 하더라도

과학을 알아야 할 당위(當爲)인 것이다.

구름 같은 인생, 미쳐 살리라

⋮

인생은 어디에서 와서 어디로 가는가?

삶은 한편의 구름이 일어남이며, 죽음은 그 구름이 사라짐이다.

(生從何處來 死向何處去, 生也片浮雲起 死也片浮雲滅)

사랑의 적은 무관심이다.

이웃의 고통은 나 몰라라 하는…

우주의 분노가 두렵다. 사랑하면 사랑받는다. 우주의 사랑이다.

주어라~ 받게 될 것이니…

믿는 자에게는 믿음이 다가오고, 미워하면 그 미움이 나를 옥죄어 온다.

빼앗으면 빼앗기고, 의심하면 의심 받는다.

남의 눈에 눈물나면, 내 눈에 피눈물난다.

스스로를 매우 좋아하는 사람은 이미 행복의 반을 얻은 것이다.

나머지 반은 주위에 있는 모든 것을 사랑하면 된다.

욕심을 줄이면 아름다움이 보이기 시작한다.

인간이라면 무릇 미쳐야 한다. 인생에는 때론 광기가 필요하다.

학생은 공부에, 선생은 가르침에,

예술가는 창작에, 과학자는 과학에 미쳐야 한다.

어떤 일이나 미치지 않고는 대성할 수 없다.

미쳐야만 금메달, 제1인자가 될 수 있다.

단 미쳐도 옳게 미쳐야 한다!

세상에는 잘못 미치는 사람들도 많다.

모름지기 위대한 것에 미쳐야 하는 이치다.

장미빛 인생이란 없다. 오직 장밋빛 순간만이 있을 뿐!

인생이란 자신을 위해 그런 순간을 만들어가는 삶의 궤적이 아닐까?

세상은 보여지는 것이 아니라 내가 보는 것이란다.

내 인생에 황혼이 어김없이 찾아든다면…

그 마지막 노을을 사랑하는 그런 사람이 되고 싶다.

삶이 있으면 죽음도 있는가

:

우리는 왜 태어난 것일까?

우리는 무엇을 위해 사는 것일까?

죽으면 어떻게 되는 것일까?

삶을 소중하게 생각하고 삶에 집착할수록

죽음이 두려워지고 공포는 비례해 커진다.

태양은 떠오르고 강물은 흘러간다.

다른 생물보다는 다양화되어 있지만

인간의 삶은 근본적으로 그저 자연의 한 가닥일 뿐…

죽으면 자신을 이루고 있던 원소들로 되돌아간다.

삶을 유지시키는 원동력은 무엇인가?

인간은 개체의 소멸을 받아들일 수 없다.

때문에 두려움을 극복해줄 대상을 찾게 된다.

그런데 여러 종교의 형식들을 보면 인간의 상상력의 틀을 벗어나지 못한다.

동양 종교는 동양 의상을 입고 있고,

서양의 신은 서양의 복장으로 우리 앞에 있다.

이들이 인간의 죽음에 대한 두려움을

다소 완화시킬 수 있을지는 몰라도 더는 아니지 않을까?

독실한 신자가 죽음 앞에서 왜 자신을 빨리 데려가려고 하시느냐고,

살려달라고 울부짖는다. 세상에서 죽음보다 더 두려운 것은 없을 것이다.

그것이 두려운 이유는 사람이 가지는 절대적인 유한성 때문이리라.

우리는 죽음 다음의 세계를 알지 못한다.

더욱이나 죽음 이후 세계가 있다손 치더라도,

그 곳에서 어떻게 최고의 삶을 살 수 있을지 그 방법을 알지 못한다.

제자가 죽음에 대하여 묻자 공자가 답한다.

"아직 삶을 알지 못하니 어떻게 죽음을 알겠는가?"

죽음? 차라리 모두 잊고 산행 길에 나선다.

자연이 주는 맑은 공기가 좋다.

꽃씨가 싹트고 자라 꽃 봉우리를 만들고 지면 열매를 맺듯이

삶은 꽃이고, 죽음은 씨앗이다.

다시 싹을 틔우고 꽃이 피고 또 씨를 맺고….

현대판 고려장

⋮

효부 밑에 효자, 그 자식에 그 부모란다.
어버이를 내친 자식이라고 돌멩이 세례를 당한다.
과연 나 자신은 얼마나 자유스러운가?

어머니를 지게에 지고 고려장터 행이다.
길모퉁이마다 작은 솔가지를 꺾어서는 길 위에 놓는 늙은 어머니…
되돌아가는 길에 혹시라도 길을 잊을까봐 저승길의 모심인 것이다.
작별의 시간이 왔다. 눈물을 지체하지 못하면서도 할머니를 모셔온 지게를
열심히 챙기는 손자, 버리고 빨리 가자는 아버지의 독촉에도 기어이 가지고
가겠다고 울먹인다. "다음에 아버지도…" 목이 메인다.
아차다! 하산 길에 든 아들 등을 향해 '아서라, 나랏님의 벌을 어찌하려고?'
아들은 묵묵부답인데 그때 어린 손주는 울었을까 웃었을까?

중앙아시아 황량한 사막을 배경으로 유목민의 생활이다.
늙은 할아버지만 홀로 남겨두고 가족은 무거운 발걸음을 옮긴다.

열 살 전후로 보이는 손자는 눈물을 주체하지 못한 채

뒤돌아보고 또 보고…

보통 한두 달 정도 끼니를 이을 수 있는 식량과 물을 두고 간다.

현대판 고려장이다.

얼마간의 시일이 지나 그곳을 다시 들른다.

아직도 살아 있으면 다시 식량을 더 넣어주고 가고,

이미 돌아가셨으면 가까운 곳에 묻어주고 떠난다. 그것으로 끝이다.

그리고 다음 대로 되풀이되는 것이다.

한 많은 이 세상 가시는 님아!

정은 두고 몸만 가니 웬 성화요!

정신적 가난뱅이

:

부황이란 말을 들어본 적이 있는가? 보릿고개는?
그러기에 쇠고기 국에 이밥, 눈물나게 바라던 날들이 있었다.
그렇게만 된다면… 한이 없겠다! 고.

오늘날 우리 삶은 어떠한가?
그 꿈만 같던 소원은 더는 소원이 아닌지 오래다.
달라지고, 좋아졌다. 그것도 엄청나게.
그래서 다이어트, 살 빼기 전쟁 중이다.
그간의 사정이 이러한데도 우리들의 마음은
아직도 허기로 고통받고 있고
소외감은 불어나고, 불만은 쌓여만 간다. 어쩌다 이 지경이 되었을까?
그 원인이 무엇일까?
그것은 지금까지 너와 나 그리고 우리의 경제지론이
돈, 돈 하며 물질적인 부에만 목을 맨 나머지
정신적 배고픔은 나몰라라 했기 때문이다.

마음 가난은 강 건너 불구경이었던 것이다.

지난 반 세기 경제적 빈곤타파 과제가

그 방법이나 부작용에 대하여는 찬성과 반대가 팽팽이 맞서오긴 했지만

어느 정도 성과를 거두어 오늘의 부를 누리고 살 수 있게 했다.

이때 나타난 현상이 인간소외, 즉 정신적 빈곤문제다.

물질적 생활조건은 예전보다 현저히 좋아졌음에도 불구하고

왠지 사람들의 마음속에 불만이 쌓여만 가는 것이다.

그 어떤 것으로도 채워지지 않을 것 같은 울적한 분위기가

사람들의 마음속에서 점점 퍼져나가는 현상이 생겨난 것이다.

마음고픔이다.

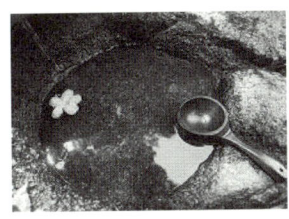

정신적 영양은 옹달샘물과 같은가 보다.

졸졸거리고 양이 적으나 맑고 투명해

한 모금 마시고 나면 마음도 몸도 상쾌해지고

기분도 좋아진다.

물질적 탐욕은 태평양의 물과 같아서 그 끝이 안 보인다.

마셔대면 마셔댈수록 갈증은 더해가고 끝내 탈이 나고 목숨까지 잃게 된다.

시원한 물 한 조끼 쭉 들이키고 갈까 보다.

감정변화 행동변화

⋮

즐거운 생각을 하면서 살면 즐거운 인생~

괴로운 생각의 포로가 되면 괴로운 인생~

행복하다고 생각하고 그렇게 처신하면 행복한 인생~

더럽다고 투덜대며 벌레 씹은 얼굴로 지내면 더러운 인생~

나의 생각이 나의 인생을 만들어간다는 불변의 진리~!

결심만으로 감정은 변화하지 않는다.

그렇지만 우리의 행동은 바꿀 수 있다. 이것이 열쇠다.

감정은 의지의 말을 안 듣지만 행동은 듣는다.

행동을 제어함으로써 감정도 제어할 수 있다.

슬픈 일 괴로운 일 생겼을 때,

환한 얼굴을 하고 즐거운 듯 콧노래를 흥얼거려 보라.

대학 3년 때 어머님이 돌아가셨다.

하늘이 무너진다는 말은 이런 경우를 두고 하는 말인가 보다.

그런 비통한 순간에 친구들이 찾아왔다. 도무지 웃을 수 있는 상황이 아니

있는데도 그들은 끈질기게 나를 웃기려 들었고 나도 모르게 그만 피식 웃고 말았다. 아니, 이럴 수가? 어머님께 죄지은 기분이 되었다. 그런데 알 수 없는 것은 웃었던 그 순간엔 슬픔도 잠시 잊혀지더란 사실이었다.

인간은 웃으면서 슬퍼할 수 없고, 행복한 체 하면서 고민도 불가하다.

인생은 연극이라 했다. 바라는 바 행복과 즐거움은 그런 척 연기만 잘 하면 내 인생의 동반자가 될 수 있나니… 못할 것도, 안할 것도 없지 않는가!

암 선고 6개월 시한인생, 포기하면 그것으로 끝장이다.

아직도 반 년은 더 산다고 하는데

어쩌자고 그 시간을 한탄만 하며 보내려 하는가?

번개처럼 번쩍 드는 한 생각! 피할 수 없는 처지라면 즐겁게 맞이하자.

그래서 밝은 얼굴을 하고 만사가 즐겁다는 듯이 행동했다.

처음은 어쩐지 어색했지만 차차 즐겁게 행동할 수 있었고

기분도 덩달아 나아지고 가족들도 내 감정을 따라 왔다.

오늘만이라도 즐겁게 마음 편하게 웃고 노래하고…

그러다보니 시한도 빗겨가고 사신도 빗겨가고,

그래서 인생이란 알다가도 모른다는 것인가.

병원을 찾는 환자의 70%가 고민과 공포감에서 벗어날 수만 있다면

완쾌될 수 있는 병을 지니고 있다 한다.

신경성 소화불량 위궤양 심장병 불면증 두통 원인 모를 마비 증상 등이 모두 그 예다.

남에게 가족 친구 이웃사람 누구라도 좋다.

어떻게 하면 그들을 기쁘게 해 줄 수 있는가를 궁리하고 찾아 나서는 것이다.

거기서 그치면 도로아미타불이다. 행동으로 보여주어야 한다.

그들을 도와주고 베풀기에 나서보라.

내가 바뀌면 이웃이 바뀌고

이웃이 바뀌면 세상이 바뀔 수도 있지 않을까?

무엇인가 재미있는 일을, 놀이를 찾아 푹 빠져보라.

바쁜 벌은 근심할 틈이 없다! 바삐 움직일 일이다.

감사의 마음

:

지금 당신은 행복하다고 생각하는가? 아니면 불행하다고 생각하는가?

많은 사람들이 알게 모르게 다른 사람과 비교하기를 좋아한다.

그렇기 때문에 자신의 행복을 보지 못하는 것은 아닌지?

사람마다 생김새며 능력, 성격이 모두 다르듯 당신은 그저 당신일 뿐이다.

안 그런가?

다른 사람을 위로하고, 도와주려고 조금 애쓴 것뿐인데,

나도 모르게 나에게도 위안과 행복감이 다가온다.

분명 값진 선물인데 누가 보낸 것일까?

끼어드는 차도 오늘 따라 바쁜 사정이 있겠지~

누군가 구두를 밟아도 차가 흔들려서 그렇겠지~

다른 때처럼 화나지 않았고, 짜증 없는 마음이 된다.

인생을 행복하게 살아가고 싶다. 어떻게 해야 할까?

잠자리에서 일어나면서 나 스스로에게

"좋은 아침(Good morning)"을 외치니

오늘은 일 좀 할 것 같다는 기분이 들고
집에 돌아오니 저녁상 생선구이가 구수하다.
인생 뭐 별건가요?

우리 주변을 살펴보면, 이런 소망을 품은 이들이 적지 않다.
내 눈으로 앞을 볼 수만 있다면…
내 귀로 들을 수만 있다면…
내 두 다리로 걸을 수만 있다면…
그럼, 사지육신 멀쩡한 나, 나는 누구인가요?

휠체어에 몸을 맡긴 삶, 호킹 박사, 그는 기계어로 감탄한다.
'살아 있음이여 감사하다'고.
받고 싶은가요? 그럼 먼저 주어보세요~
그것도 가능한 몰래, 많이 지속적으로~
다음은 우주가 말해줄 차례다.
"복 내려간다. 받아라."
그리고 "스트레스 해소 처방을 보내니, 행복하라!"고.

강쇠의 유명세와 마당쇠의 환상

⋮

세상에는 눈 방아, 입 방아에 얹혀사는 그런 사람이 많다.

여러 부류가 있겠지만 그 중 강한 남자, 그 이름 변강쇠.

잘 먹어댄다고, 기차다고 명성은 났겠다, 몇 그릇이고 먹어대고 연속상연을

해야 한다. 그래야 면이 서고 유명세를 지탱할 수가 있지 않겠는가. 인삼녹

용을 찾고, 해구신에 혈안이다.

못 말린다~ 먹고 싶었고, 당기고 맛이 좋아서일까?

'아니다' 라도 한참 아니다.

또 다른 것을 먹기 위해 먹어야 하는 그런 강박관념의 포로다.

그러기에 코를 막고, 인상을 써 대면서도 먹어대야 하는 것이다.

동물 세계를 보면 강자가 선이다. 단순하면서도 참으로 멋지다.

삼천궁녀(?)를 거느릴 수 있는 힘. 어디인가, 무엇인가가 있을 것만 같다.

우뚝 솟아 있는 뿔, 그 상징물에 그만 혹한다. 시체 말로 뿅 가는 것이다.

아서라, 환상이다.

생초를 먹고, 생선을 먹는 것이 맛도 몸에도 좋다.

사슴과 물개가 즐겨먹는 것처럼.

성에 대한 조물주의 뜻?
생산이다. 대를 이어야 한다.
둘 다를 담고 있는 이 말, 'Generation', 우연일까?
그러기에 생산성이 높은 여성일수록 아름답다.

보이는 삶과 자신이 바라는 삶이 같지 않을 수 있다.
강쇠를 쫓을 것이 아니라 남과 다른 나, 나를 쫓아야 한다.
무엇보다 소중한 내 인생, 나의 삶이기에… 안 그런가?

만족 도파민 도전과 변화다

:

도전과 변화는 두려운 것!

만족한, 그런 삶을 살기를 바라는가?

만족감은 쉽게 얻어지는 그런 것이 아니다.

상황은 늘 불확실하고 판단은 어렵다.

그런 세상에 살고 또 살아야 하기 때문에,

우리는 모든 현상에 유연하게 대처할 수 있는 그런 뇌를 갖고 태어났다.

그래서일까? 뇌는 언제나 새로운 것을 원한다.

그렇다면 우리의 뇌 안에 더 많은 도파민이 흐르도록 하는

어떤 요소가 있다는 말인데?

그렇다. 그것은 새로움, 바로 그것이다.

어떤 목표를 달성하고 난 후보다는 목표를 향해 나아가는 과정에서

우리는 더 큰 만족감을 맛보게 되는 것이다.

행복해지고 싶은가?

모든 사람은 만족을 원한다.

어떤 사람은 만족을 성취하는 방법을 발견하기도 하고,

또 다른 사람은 그렇지 못하기도 하다.

시원한 맥주를 들고 해변에서 쉬고 있는 사람과

일하느라 부지런히 움직이는 사람 중

삶에 대한 만족도가 어느 쪽이 더 높을까?

답은 예상과 달리 후자였다.

기분 좋은 통증, 철인경기를 할 때 만족감은 어디서 오는가?

가혹한 시련이 뇌를 자극한다. 뇌는 항상 새로운 것을 찾는다.

단순한 도전을 넘어 고통과 고뇌의 절정에 다다르면 다다를수록

더 큰 만족감을 안겨주는 것이다.

사춘기가 지나면 뇌 속의 도파민 양은 계속 줄어든다.

꿈이, 도전이 없기 때문이다.

젊음이 그리운 것인지, 만족 자체가 그리운 것인지

그것이 문제로다!

우리들 뇌는 '새로운 것을 좋아한다.'

일상에서 벗어난 시도, 도전 그리고 창조인 것이다.

07

코스모스 길과
인류의 길

詩想
001

원자가 만들어내는 세상

이 세상은 원자의 맴돌이다

∶

"세상 만물은 원자로 되어 있다."

물리학자 파인만이 아니더라도 이제 웬만한 사람들도 다 알고 있다.

그런데 이 세상이 원자로 되어 있다는 사실은

생각하면 할수록 참으로 놀라운 일이 아닌가!

우리 몸을 이루고 있는 원자는

우리와 함께 있다가 같이 사라지는 게 아니다.

원자의 관점에서 볼 때 우리 몸은 잠깐 머물다 가는 정거장에 불과하다.

그럼, '나' 는 무엇인가?

100조의 세포, 억의 억의 조(10^{28})의 원자, 우리 몸인 것이다.

수많은 원자가 모인 덩어리를 '나' 로 정의할 수 있을까?

거울에 보이는 내 얼굴과 내 목소리, 그리고 나만 알고 있는, 그 비밀스런

추억은 그럼 어디에 숨겨져 있는 것일까?

세상은 참으로 다양하다.

나를 비롯하여 새나 곤충, 풀과 나무,

산과 바다, 공기, 해와 달, 그리고 저 멀리 은하수.

그런데 세상이 원자로 되어 있다는 것은

이런 다양한 것들이 사실은 모두 같은 기본 물질로 이루어져 있음을

말해주고 있는 것이 아닌가!

어떻게 그것이 가능할 수 있을까?

그것은 '흐름이다.' 그 기본 물질들이 끊임없이 교환되고 있음을 뜻한다.

일란성 쌍둥이도, 붕어빵도 똑같지는 않다.

어디가 달라도 조금은 다르다.

그런데 이들을 구성하고 있는 원소,

예로 산소는 다른 산소와 조금도 다르지 않다.

수소에 그 수소, 탄소에 그 탄소다.

우리 몸을 이루고 있는 수많은 원자들은 그럼… 어디서 왔을까?

자라면서 저절로 불어난 것일까?

아니다. 세상에 그런 일은 있을 수 없다.

밥이나 된장찌개를 구성하고 있던 원자가

우리 몸의 한 부분으로 바뀐 것이다.

쌀과 콩 원자는 어쩌면

물벼룩이나 공룡의 일부 또는 죽은 별의 잔해였을 수도 있다.

사연이야 어찌되었건 원자는 완벽한 동일성으로 인해

그 이전에 어디서 무엇을 하고 있었는지에 관계없이

수많은 곳을 흐르고 돌며 각자의 주어진 상황에서

맡은 바 역할을 수행하는 것이다.

그런데 김치에 있던 어떤 원자가 일단 우리 몸의 일부가 되면

계속 남아 있는 것일까?

그래야 '나'의 정체성이 유지될 수 있을 것만 같다.

그런데 아니다. 놀랍게도 우리 몸의 세포는 한 해에 두 차례나 낙엽이 지고

새순이 돋아난다. 전체 물갈이를 두 번씩이나 한다.

더욱이나 세포를 구성하고 있는 원자는 끊임없이 바뀐다.

몇 해만에 만난 친구가 말한다. "하나도 안 변했구나."

뭘 몰라도 한참 모르는 소리다.

태양계의 생성과 더불어 지구의 일부가 된 원자들은 다시 수십 억 년의 세월을 거치면서 때로는 눈이나 바위, 미생물이나 공룡이 된다. 때로는 생선이 되기도 하고 때로는 과일이었다가 지금 우리 몸에 잠깐 머무르는 것이다.

그리고 이들은 곧 우리 몸을 소리 없이 빠져나가

사랑하는 사람의 몸에 들어가기도 하고

뱀장어에 들어가 멀리 바다로 흘러가기도 하고

새로이 생겨나는 별의 일부가 되기도 할 것이다.

각각의 원자들은 영겁의 세월 동안 모이고 헤어지기를 거듭하며

각자의 끝없는 여정을 계속할 것이다.

세상은 원자의 맴돌이다.

뉴턴이 꽃피운 기계적 현대문명

⋮

데카르트는 유명한 그의 '사유(思惟)'를 통하여 세상을 정신과 물질, 두 가지로 확연하게 구분하였다. 서로는 똑소리나게 다른 별개의 세상이란 것이다. 그래서 물질세계는 주어진 법칙에 따라 빈틈없이 돌아가는 거대한 기계로 설파하였다. 때문에 그 기계를 구성하는 작은 부품의 움직임과 그들 간의 인과적인 연결만 알면 세상은 다 이해된다고 보았다.

한편 갈릴레이는 자로 잴 수 있고, 양으로 나타낼 수 있는 것에 한하여 과학의 대상으로 삼아야 한다고 주창했다. 데카르트와 갈릴레이가 닦아 놓은 이 같은 과학 방법론 기초는 세기적 천재, 뉴턴에 의해 찬란히 꽃피웠다.

뉴턴은 3개의 운동법칙과 만유인력 등을 수학적 방법을 동원하여 명료하게 기술했다. 지구를 비롯한 여러 천체의 운동을 우리 모두가 알 수 있도록 성공적으로 밝힌 것이다. 이처럼 일상적 세계에서는 뉴턴 법칙이 빈틈없이 잘 들어맞는다.

그 덕에 힘입어 '인간을 달에'의 꿈을 실현할 수 있었던 것이다. 또한 오늘날 눈부신 과학문명의 토대로 우뚝섰다. 때문에 데카르트-뉴턴의 기계세계에 사람들은 매료될 수밖에 없었다!

이제는 더 이상 다른 선택이란 없는, 그런 기계론적 세계를 모두가 세계관으로 받아들이게 된 배경이다.

기계적 세계관은 경제, 사회, 문화 전분야로 파급되어 나갔다. 예로 의학계에서도 인체를 기계의 부품처럼 따로 따로 떼어내 다루려 하고, 실제 그렇게들 하고 있다.

때문에 인간이 겪게 되는 질병까지도 우리 몸의 어느 부분이 고장을 일으킨 것으로 진단, 그 부품을 수리하거나, 다른 부품으로 대체해야 하는 양 현대의학마저 기계론이 대세를 이루고 있다.

세계관은 세계에서의 인간의 위치를 분별할 뿐만 아니라, 어떤 방향으로 나아가야 하는가, 어떻게 살아야 하는가의 경지에까지 이어진다.

사람이 어떤 세계관을 택할 것인가 하는 문제는 단순한 이론적 태도만으로 결정되는 것이 아니며, 그 사람이 어떤 역사적 상황 속에서, 어떤 실천적 방향을 지향하면서 사색하고 결단하고 행동하는가의 문제와 깊은 관계가 있다고 할 수 있다.

세계관은 한 개인이 제기하는 근본 질문에 답하는 관점이다.

우주의 근본은 무엇인가? 인간은 어디서 왔으며, 삶의 의미는 무엇인가?

결국 세계관은 세계와 자신에 대한 특별한 관점의 '해석'이며, 그 해석을 자신의 삶에 적용하며 사는 것이다.

누구나 세계관을 가지고 있다.

한 개인의 인격, 사상, 가치관 그리고 미래가 그 사람의 세계관에 의해 결정되는 것이다.

개인이 모여 사회 국가 세계를 이룬다. 올곧은 세계관의 중요성이다.

기계적 세계관은 이 세상을 '수많은 입자들의 결합'이라고 본다. 사물을 쪼개고 나누어서 그 구성요소를 찾아내면 사물의 본질을 이해할 수 있다는 관점이다.

자연 현상을 원인과 결과의 관계로 설명하는 인과율 방식을 채택하여, 그 필연적 법칙성을 이해하려 한다. 어떤 현상과 현상 사이의 관계를 뗄 수 없는 메커니즘으로 설명하는 것이다.

기계적 세계관은 인식 주체인 인간과 탐구 대상인 세계를 엄밀하게 구분하고, 대상을 객관적으로 규명하는 것을 목표로 삼는다.

"자연을 사냥하여 노예로 삼고 고문해서라도 자연의 비밀을 캐내야 한다." 〈베이컨〉

자연에 대한 폭력적 태도를 갖게 된 단초다.

고전물리학, 그 성이 무너지다

:

'만일 그대가 어디 있는지를 안다면, 얼마나 빨리 움직이고 있는지를 말할
수 없다.'
'만일 그대가 얼마나 빨리 움직이고 있는지를 안다면 그대의 위치를 말할
수 없다.'
도깨비 소리로 들리는가? 아니다.
하이젠베르크의 '불확정성의 원리(Uncertainty Principle)' 이다.

또한 관찰자의 위치와 시간에 따라 같은 물리적 현상이 다르게 관찰되는 이
유가 상대성이론으로 밝혀지면서, 고전물리학에서의 시공간에 대한 절대성
이나 동시성의 의미가 크게 흔들리게 되었다.
때를 같이하여 막스 플랑크는 빛이 기존의 입자나 파동과 같은 개념으로는
설명할 수 없는 양쪽의 성질을 모두 지닌 것임을 알아냈다.

'양자도약 이론' 과 함께 기계적 세계관의 동시성과 인과율, 환원론적 사고
등 인간이 자연을 인식하는 데는 한계가 있음을 알게 된 것이다.

천동설-지동설 후 세계 최대의 사건이다.

거의 300년 동안 철칙으로 믿어왔던 진리의 틀, 데카르트-뉴턴의 결정론 (determinism)이, 그 철옹성이 무너져내린 것이다.

'존재하는 것과 존재하지 않는 것만을 다룬 고전물리'

세계에 대한 이런 정적인 견해는 '이 세상 모든 것이 항상 흐름-변화과정에 있다'는 새로운 견해로 대치되기에 이르렀다.

이 세상 모든 것은 '에너지'고, 그 에너지는 끊임없이 변형되고 있다.

모든 변형은 어느 것이나 진화 과정에 있는 다른 모든 것에 영향을 미친다.

살아 있지 않은 현상조차도 끊임없이 변화하고 있는 것이다.

세상은 변한다.

도깨비 양자세계

:

내 몸과 세상만물이 원자로 되어 있고, 원자는 양자로 이루어져 있다.

양자는 더 이상 나눌 수 없는 최소량의 에너지 단위인 것이다.

계곡물이 하이얀 물보라를 일으키며

졸졸 이어져 흘러내린다.

뉴턴역학, 고전 물리학에서는

에너지, 운동량, 속도와 같은 물리량은

알갱이로 이루어진 물질과는 달리

졸졸 이어지는 연속적인 양이라고 생각해 왔다.

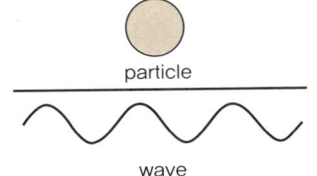

그런데 아닌 것이다.

퀀텀 점프(Quantum Jump)란 급작스런 도약이다.

원자에 에너지를 가해주면, 낮은 궤도를 돌던 전

자는 높은 궤도로 도약하면서 에너지 준위가 계단

오르듯 불연속적으로 튄다. 갑에 있던 입자가 갑자기

을에 나타난 것이다.

이런 도약은 이상한 현상으로서 갑(甲)과 을(乙) 사이의 경로를 통하지 않는다. 자연세계에 존재하는 에너지는 연속이 아닌 띄엄띄엄~ 그런 덩어리인 것이다. 그래서 이 덩어리를 덩어리 양(量)자, 양자라고 한다.

도깨비 양자는 아무리 보고 또 찾아보아도 거기에는 물질적 재질이 존재하지 않는다. 양자가 일정한 부피를 가지고 있는 것은 맞지만 일반 부피와는 달리 에너지 부피, 활동의 부피인 것이다.

때문에 거기에 존재하는 것은 한시도 쉬지 않고 서로 변형되는 역동적인 구조들과 끊임없는 요동, 활력의 춤일 뿐이다.

18세기 영국의 물리학자 영(Thomas Young), 그는 이중 슬릿 실험으로 빛은 파동이라는 사실을 밝혀냈다. 더 이상 이론의 여지가 있을 수 없었기에 '빛의 파동설' 은 널리 인정되어 왔다.

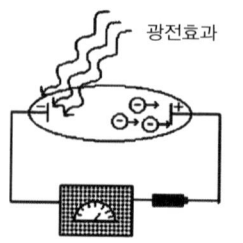

하지만 빛이 만드는 그림자가 왜 생기는지를 제대로 설명해 주지는 못했다.

그러다가 1905년, 아인슈타인이

마치 구슬치기 놀이와 같이

빛을 금속 표면에 던지면

그 곳에 있던 전자가 맞아서 튀어나온다는

광양자설(光量子說)을 발표했다.

굴러온 돌이 박힌 돌을 뽑아낸 것이다.

'빛의 입자설' 의 입증이다.

빛은 입자와 파동의 이중성임이 백일하에 밝혀진 것이다.

어디 그뿐인가!

누구나 알맹이라고 믿어왔던 전자, 그 양자도 알고 보니 입자이면서 파동이었다. 더욱 놀라운 것은 전자가 파장이나 입자의 성질 가운데 하나를 선택할 수 있을 때, 다시 말해 관찰자가 보고 있으면 입자를 선택하고, 보고 있지 않으면 언제나 파장을 선택한다는 사실이다.

양자는 관찰되는 순간에 가서야

죽은 고양이(입자)로 관찰되든지,

혹은 살아 있는 고양이(파동)든

판가름난다는 슈뢰딩거 고양이를 보라!

세상에 이럴 수가? 대혼란에 빠졌다.

왜냐하면 입자는 한 곳에 응축된 물질의 작은 덩어리이고, 반면 파동은 흩어져 퍼져갈 수 있는 형태 없는 진동이기 때문이다.

입자와 파동은 하늘과 땅 차인데 한 순간에는 입자, 다른 순간에는 파동이 된다니 말이나 되는 소리인가?

현실과 가능성의 형태를 공유한 야누스가 전자인 것이다.

우리 몸은 눈에 보이는 입자적 부분과 눈에 보이지 않는 에너지 장을 가지고 있다. 마음은 일종의 에너지라 할 수 있다.

감사, 사랑, 기쁨 등의 마음은 안정적이고 규칙

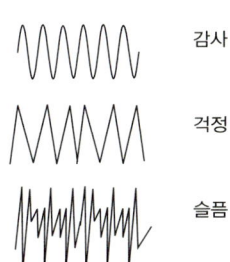

감사

걱정

슬픔

적인 좋은 파동으로 나타나고 불안, 분노, 슬픔 등 나쁜 마음은 헝클어지고 불안정한 파동을 보인다.

그림과 같이 장막을 치고, 이 장막에다
두 개의 구멍을 뚫는다. 그 두 구멍 안으로
허만일의 오른손과 왼손(양손) 내민 것을
허만약이 장막 앞에서 보고 있다.
뉴턴 학교의 수업시간이다.
여기에 두 손이 있다. 하나의 손, 그리고 또 다른 하나의 손. 때문에 두 손은 서로 독립되어 있는 각각의 손인 것이다(허만약).

하이젠베르그의 교실이다.
두 손 다 장막 뒤의 허만일의 손이다.
다만 한 손(입자)과 장막 뒤의 허만일(파동)을 동시에 관찰할 수 없기 때문에 확정할 수 없다. '불확정성 원리' 다. 입자와 파동의 이중성인 것이다.

요약하면, 양자역학에서 입자와 파동은 이중성의 관계에 있다.
여기서 이중성이란 동전의 앞면에 입자가 있고, 그 뒷면에 파동이 존재하는 상보적 관계이므로 이를 상보성 원리라 한다. 결국 손은 둘이나 한사람의 손이다.
전체와 부분, 다름 아닌 세상은 하나! 하나인 것이다!

시공을 뛰어넘는 양자세계

⋮

물리학자들이 알아냈다.

아원자 미립자 하나를 둘로 쪼개면 절반짜리 미립자 두 개가 서로 반대쪽으로 야구공처럼 돌면서 달아난다는 사실을!

그런데, 그 반쪽 미립자 중 하나의 회전방향을 바꾸자, 다른 반쪽짜리도 즉시 반응하여 자신의 회전방향을 바꾸는 것이 아닌가!

더욱 우리를 놀라게 하는 것은 이들 반응은 즉각적이었고 거리의 멀고 가까움과 무관했다는 사실이다.

1950년대 '일본 원숭이' 집단서식 연구원이 먹이인 고구마를 해안에 쏟아 놓곤 했다. 어느 날 우연히 살펴보니, 젊은 암컷 원숭이가 고구마를 가지고 바닷물에서 놀고 있는가 했는데… 실은 파도에 고구마를 씻고 있는 것이다.

아니, 원숭이가?

이것은 음식 맛을 두 가지로 좋게 만들었다.

바닷물에 흔드니 흙과 모래가 제거되었고, 소금으로 간을 맞춘 결과가 되었다.

흥미로운 행동이라 계속 관찰해본 결과, 그 섬 원숭이들 모두가 너도 나도 고구마를 바닷물에 씻고 있는 것 아닌가!

얼마 후, 멀리 떨어져 있는 다른 섬에서도 모든 원숭이들이 고구마를 파도에 씻고 있는 모습이 관찰되었다고 한다. 그곳 원숭이 집단들과는 어떤 교류가 없었는데도.

"한 사람의 인격은 심지어 그 사람과의 직접적인 접촉이 없어도 현재와 미래의 세대들에게 영향을 미칠 수 있다." 케임브리지대학 생물학자인 셸드레이크(Sheldrake)의 형태 공명(morphic resonance) 설이다.

유기체간의 신비한 텔레파시 타입의 상호연결과 종(species) 내부의 집단 기억이라는 개념으로서 유전적인 성향이 아니라 반복에 의해서 결정되는 일종의 자연기억, 우주기억인 것이다.

우리 의식이 확장되면 우리가 직접 접촉하는 사람들만이 아니라 잠재적으로 현재와 미래의 모든 인류에게 영향을 미칠 수 있음을 보여준다.

우주의식 차원에서 바라보면, 나와 세상은 분리되어 있지 않고 하나로 비친다.

나는 무엇에 공명하며 살 것인가…

나는 무엇을 의식 속에서 순환하며 살 것인가…

가장 깊은 길은 모든 지각과 의식의 파동을 포괄하는 침묵!!

그와 공명하면서 사는 일일 것이다.

모차르트, 마치 받아 적듯이 명작 심포니를 단 며칠 만에 완성했단다.

'우주의식'을 자기화시켜서 쓴 것일까?

텔레비전, 라디오, 우주파들이 공간에 파동치고 있다.

안테나와 수신기만 있으면 보고, 들을 수 있다.

우리가 품은 생각, 그리고 갖가지 의식이 어떤 에너지 장을 갖는 의식형태를 갖추고 온 우주에 메아리치고 진동하고 있을 것은 아닐까?

한 사람의 진한 염원이 소중하고, 열 사람 백 사람의 기도는 매우 강력한 힘을 갖는다. 한 사람의 마음이 열리고, 열 사람 백 사람의 선한 기구가 한데 모아질 때 그 엄청난 에너지가 이 세상을 정화의 길로 가게 하는 것이 아닐까?

극소의 양자세계는 신비롭기 그지없다.

詩想
002

역천의 삶
우주의 노여움

자연법칙의 예외, 생물과 인간

:

생물, 특히 인간은 자신들이 대우주 법칙상 '예외'임을 알아야 한다.
예외는 어디까지나 예외답게 필요 이상을 탐하지 않아야 하고, 겸허하고 감
사해 하며 살아야 한다. 그렇지 않으면 우주의 노여움을 사게 되어 있다.
당연하지 않은가?
우주의 어느 곳에 질서가 더 생기는 것은, 다른 곳에 그보다 더 큰 무질서가
생긴다는 뜻. 결국 자연 세계에서의 인공적 변화란, 사용 가능한 에너지를
불가능한 형태로 바꾸면서 주위의 엔트로피를 증가시키는 방향, 즉 값어치
가 있는 상태에서 값어치가 없는 모습으로의 한 방향으로밖에 일어날 수 없
다는 것을 원리로 깨우쳐 주고 있는 것이다.
그렇게 하지 않아도 저절로 늘어날 수밖에 없는 엔트로피 증가를 가속적으
로 증가시킴으로써 끝장을 향해 줄달음치고 있는 불나방인가?
그것이 인간들이다.
저 엔트로피 사회를 지향하는 동양사상은 물질과 정신은 서로 합일된 하나
로 보았다. 이런 사고 체계에서 인간과 자연은 서로 유기적으로 얽혀 있는
전체론적 상생관계인 것이다.

역천의 삶을 사는 암 세포

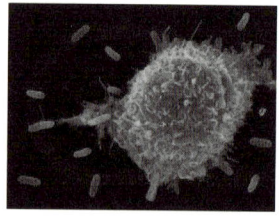

주변의 일반 세포는 안중에도 없는 암 세포.

영양분이나 산소를 싹싹~ 자기한테로만 끌어들여 게걸스럽게 먹어치운다.

다른 세포들은 굶어 죽어도 나몰라라~다.

그러고도 숙주가 온전하기를 바랄 수 있겠는가?

결국 자신의 삶터가 죽게 되고 그도 별 수 없이 죽음을 맞게 될 수밖에…

그것을 모르는 것이 암 세포인 것이다.

극단적인 이기주의의 표본이다.

'부자는 3대를 못 간다' 는 말이 있다. 그런데도 부자는 오래 살 것 같이 생각된다. 상대적으로 잘 먹고 좋은 주거 환경에 살며 아프면 병원비 부담 없이 치료에 나설 수 있겠기에…

미국, 세계 제일의 부자나라. 인구는 약 3억인데 세계 에너지의 30% 이상을 써댄다. 얼마 전에는 모가진지(Sub-prime mortgage) 뭔지로 세계를 시끄럽게 했고, 경제도 중병을 앓았다.

너도 나도 큰 차, 큰 집 사고 싶다.

백만장자가 된다면(If I had million dollars),

미 대중인기가요의 가사가 아니더라도

복권 사는 갑돌이, '묻지마' 주식투자에 나서는 갑순이가 그렇고

나 또한 예외가 아니다.

소비가 미덕이고, 그런 소비자가 왕인 세상이다.

한마디로 '펑펑~'이다. 갈 데까지 가 보자는 건지 뭔지 원!

이러고도 온전할 수 있을까? 펑펑~ 이면 팍팍! 이다.

비만은 천정 천평을 어긴 벌?

:

에너지 섭취가 소모를 초과할 때, 초과 칼로리는 지방조직에 저장된다.
비만이다.
남아도는 영양분이 지방으로 농축되어 체내에 쌓여가는 증상인 것이다. 과
식이 비만의 주된 원인이다. 너무 많이 먹어서 난 탈이다.

야생동물들은 하나 같이 날씬하다.
이 지구상에 비만으로 고생하는 동물은 인간뿐이다. 예외가 있긴 한데, 그
것도 집에서 키우는 개나 돼지 등 가축으로서 결국 사람들이 그렇게 만든
것이다.

'비만은 병이며 그것도 장기적인 투병이 필요한 질병이다' 〈WHO〉

전 세계 인구의 25%에 해당되는 17억 명이 비만에 시달리고 있다.
오늘날 비만은 옛날과 달리 만병의 근원으로 배부른 미움을 받고 있다.
시대와 환경이 크게 바뀌었는데도

우리 몸은 그렇게 빨리 변할 수 없기 때문에… 때문에 이다.

수백 년 동안 우생학으로 우리를 살린 장점이 불과 100년도 안 된 사이에 달라질 수 없는 것이고, 또 달라져서는 더더욱 안 되는 것이다.

유전자, 그렇게 쉽게 변하는 게 아니다. 비만은 만병의 근원이 되고 있다. 비만 자체가 우선 질병의 하나임과 동시에 현대인들이 안고 있는 암과 고혈압 당뇨 고지혈증 등 각종 성인병을 불러일으키는 주범인 것이다.

바가지에 꿀이 담뿍한데도 이웃 벌들과 조금씩 나눠먹을 생각은 않고 혼자 독차지하려고 욕심내어 움켜쥐다 보니 스스로 꿀 바가지에 빠져들어 허우적댄다.

우리들이라고 크게 다를까?

남은 것은…, 죽음뿐이다!

세계10대 질환 중 절반이 정신질환

⋮

우울한 기분에 빠져 의욕을 잃은 채

무능감, 고립감, 허무감, 죄책감, 자살충동 등에 사로잡히는 심리적 좌절 상태, 일종의 정신질환. 스트레스가 모이고 쌓여 생겨난 병, 우울증이다.

오랫동안 연구를 계속해온 하트(A.D. Hart) 박사는 우울증은 유행병이라 했다. 의기소침, 용기 없음, 자신감 부족, 혹은 이유 없이 정신적으로 비참한 상태가 오는 것이란다.

정신분열증은 뇌에 이상이 생겨, 뇌의 활동이 장애를 받아 현실을 제대로 판단하는 능력이 방해받거나, 감정의 통제나 올바른 의사결정을 할 수 없게 되어, 사회생활 및 대인 관계가 유지되기 어려워지는 질환이다.

세계 10대 질환 중 절반인 5가지,

우울증, 알코올 남용, 조울증, 정신분열증, 강박장애 같은 정신질환이다.

정신질환은 결코 멀리 있는 것이 아니다. 우리 주변에 흔히 있는 병.

정신분열증은 평균 100명 중 한 명이 평생에 한 번 이상 경험하는 매우 흔한 질환이다. 지금 이 순간에도 전 세계의 1/4이 정신질환을 겪고 있다.

정신분열병은 뇌신경 전달물질 중 하나인 도파민과 세로토닌의 대사 이상으로 발병하는 것이다.

세계 3대 만성질환이 우울증과 함께 당뇨병, 그리고 고혈압이란다.

그 근저에는 스트레스와 비만이 자리 잡고 있다. 팡팡 써댈 돈을 많이많이 움켜쥐기 위해 때론 놀부가 돼야 하고, 다투기도 해야 하는 것이다.

스트레스가 한시도 잠들 틈이 없다. 이러고도 온전하길 바랄 수 있겠는가?

우주가 내리는 벌일 수 있다.

탐욕, 그 끝없는 목마름

⋮

돈 돈 돈! 온통 돈 타령이다.

돈만 있으면 처녀 불알도 살 수 있단다.

불나비처럼 돈을 향해 내달으며 죽음도 불사한다.

성욕은 줄기라도 하는데 돈욕심은 그칠줄 모른다.

남자나 여자나, 늙거나 젊거나, 있거나 없거나

구청서기도 대통령도 그렇고 그렇다.

"돈이면 다냐, 돈으로 행복을 살 수 없다." 안으로는 다들 안 그런 척이다.

"돈이 최고야, 돈바람아 불어다오." 돈에 눈이 멀어 두 눈이 새빨갛다.

안정, 사랑, 행복, 자유를 느낄 수 있는 것은 탐욕으로부터 벗어났을 때뿐.

돈에 따라 행동하는 게 아니라 높은 가치를 위해 행동할 때,

그 시점에 가서야 비로소 참 삶을 누릴 수 있다는 것이다.

육체적 쾌락이 영혼의 쾌락이 될 수 없다.

인간이 탐욕적인 부를 틀어쥐고서도 결코 만족하지 못하고

계속 갈증을 느끼는 것도 다 이 때문이다.

인간 구조물의 극치, 이집트 피라미드!

수천 년을 버텨왔으며 웅대하고 멋지다. 속을 들여다보면 어떤가?

수천수만 명의 피와 눈물과 땀의 결정인 파라오 왕의 무덤,

그리고 탐욕의 비밀 창고다.

하늘의 아들이라 목에 힘을 주어 말해 왔지만 어쩌겠는가!

그도 어쩔 수 없는 인간, 한낱 초로인지라

간절한 소망과는 달리

생의 덧없음을 벗어나 영원으로, 영생으로 갈 수는 없었던 것이다.

모든 불행은 지나친 이기심에서 비롯된다.

우리의 필요를 위해서는 풍요하지만,

탐욕을 위해서는 궁핍한 곳이 이 세상이다.

"행복한 사람은 누구인가? 자기가 가진 것에 만족하는 사람이다." 〈유대격언〉

인간의 잔혹함이 부른 비극, 광우병

:

소가 미치는 병, 광우(狂牛)병이다.

소가 미치다니! 어째서 그런 끔찍한 일이 발생했을까??

평소에 안하던 짓을 하면 미쳤다고들 한다.

글쎄 풀을 먹고 살게 돼있는 소가 육식을 해대다 보니 그만 돌은 것이다.

탐욕에 가득찬 인간이 머리를 굴려 보다 많은 고기와 우유를

단시간에 얻을 욕심으로 초식동물인 소에게

억지로 육고기(버리는 양의 내장을 말리고 갈아서 건초에 섞어)를 먹여댔으니

그 소가 미치지 않고 배겨낼 수 있었겠는가?

그러기에 광우병은 잔인한 인간에 대해 하늘이 노해 내린 천벌이 아닐까?

프리온이든 바이러스든 대부분의 병원체는

원래 숙주에겐 별다른 탈을 일으키지 않고 공생관계를 유지한다.

자기 독성으로 인해 숙주가 죽으면 자신도 죽을 수밖에 없기 때문이다.

에이즈 바이러스도 원숭이에게는 별 문제가 없다.

사람에게 옮겨오면서 치명적인 병이 되는 것이다.

공포의 대상이 된 프리온(Prion)도

양에게는 단순히 가려움증을 불러일으키는 증상,

말 그대로 스크래피(Scrapy)라는 것인데

소나 사람에게 건너와서는 뇌에 구멍을 뚫는 무서운 병으로 돌변하는 것이다.

뉴기니 포레족들에게서 발병되는 향토병 '쿠루',

이 쿠루병의 원인을 연구해 오던 가이듀섹(Daniel Gajdusek) 하버드대 의학부

교수는

환자들의 뇌에서 이제까지 알려지지 않았던

새로운 단백질을 찾아내는데 성공했다.

'아밀로이드반'으로 명명된 이 단백질이 양에게서

통상적으로 발생하는 스크래피와 유사하다는 사실을 밝혀낸 것이다.

21세기 첨단의학시대의 광우병은 인간에게 중요한 메시지를 전해주고 있다.

자연에 대한 인간의 겁 없는 욕심이, 간섭이

어느 선까지여야 하는지에 대한 우주의 준엄한 경고인 것이다.

詩想
004

우주, 노여움만 있고
은총은 없는가?

배려, 베품의 아름다움

:

배려, 만기 없는 저축이다.

하나하나의 배려들이 모여 오늘의 내가 있다.

나 홀로의 세상이 가능키나 한가?

이웃, 국가, 지구촌, 더불어 사는 삶, 공존이다.

이를 전제로 하는 인간세계의 기본, 배려, 나눔이 아닐까?

우주는 우리 마음에 통한다. 베푸는 사람의 얼굴은 밝고 아름답다.

우주는 좋은 선물이나 돈을 직접 안겨주는 대신

자신감과 꿈, 영감을 북돋아 주고, 운을 따르게 한다.

누구는 운이 좋다.

다른 누구에게는 운이 따르지 않는다.

우주의 사랑의 품에 안기려면 어떻게 해야 할까?

자비, 사랑, 사전(辭典) 상으론 좋은데 나에게는 아니다.

차라리 나눔, 베품이 와 닿는다.

뿌린 만큼 거둔다. 나눔의 결과는 행동이 아니라 이유로 나타난다.

의도와 동기가 중요하다. 순수한 기쁨을 느낄 때만 베풀어야 한다는 뜻이다.

이 세상을 가장 아름답게 하는 것은 무엇일까?

그것은 네 죽고 나 살기의 경쟁이 아니라

이웃과의 나눔과 남을 위한 배려일 수 있다. 왜냐고?

우주의 에너지는 일정하고, 우주의 바램(엔트로피 법칙)은

불변의 골고루 평등을 지향하고 있기 때문이다.

인간은 우주공동체의 일원이다. 우주의 원리에 충실해야 할 당위다.

"베푸는 자에게 복이 있다." 왼손도 모르게 베풀고 나눔을 시도해 보자.

어떤가? 마음이 가벼워지고 사는 보람이 느껴진다고?

그렇다. 우주의 법칙이, 사랑이, 그대와 맞닿는 순간이다!

베풂과 인기는 같은 것일까

:

인생길에 누군가가 곁에 있으면, 위안을 받고, 마음이 풍성해진다.

그래서 살맛나고 희망찬 나날이 되는 것이다.

그런데 그렇게 되려면 어떻게 해야 할까?

인생은 나그네 길이라 했다.

지나는 길목마다 베풀 수 있는 것을 베풀며 간다.

어김없이 기쁨이 찾아들고 행복감을 만날 것이다. 행해본 사람은 안다.

유명 연예인, 뛰어난 스포츠맨이 왜 그렇게 인기를 끌고

많은 사람들로부터 사랑 받는 것일까? 즐거움을 주기 때문이다.

말은 달라도 그것은 베풂인 것이다.

그 베풂이 크면 클수록 인기는 비례하여 그만큼 더 커지는 것이다.

열광으로, 환호로!

앞으로 10년 후에는 '지식사회'를 넘어서 '지혜의 시대'가 온다고 한다.

손발로 먹고 사는 호구의 시대는 이미 지났고,

지금은 두뇌로 먹고사는 지식기반 시대인데

앞으로는 마음을 움직이는 감성의 시대가 온다는 것이다.

새 시대에 대비, 가장 필요한 것은 '마음', 바로 '지혜인'이 되는 것이다.

그럼 지혜인은 어떤 사람인가?

자기도 사랑하고 이웃도 아끼는 사람이다.

자신의 이익에 소홀하지 않으면서도,

모두의 이익도 나몰라라 하지 않는 그런 사람.

지혜인은 나도 행복하고 남에게도 행복을 주는 사람,

그래서 진정 더불어 사는 사람이다.

빈손으로 장거리 여행을 떠나는 사람은 없을 것이다.

초보자의 배낭은 크고 무겁지만, 전문가일수록 배낭은 그에 비례해 가볍단다.

살아가면서 고민 없는 사람은 없을 것이다.

지혜로운 사람은 불필요한 고민을 내려놓고 가고,

어리석은 자는 쓸데없는 고민까지 짊어지고 간다.

그 차이다!

간절한 삶, 순천의 삶

:

풍요와 편리함에 푹 빠져 지내는 현대인들,

다들 경제를 잃어버렸다고 아우성이다. 진정 잃어버린 것이 경제일까?

아니다. 그것은 삶의 간절함, 알찬 꿈, 훈훈한 마음일 수 있다.

애써 회복할 것은 경제가 아니라, 우리의 삶 자체다.

삶의 참 뜻을 살리고, 근검과 절제라는 미덕을 살리고, 소박한 삶의 기쁨,

서로 간의 사랑과 믿음, 이들을 되살려야 할 때이다.

1997년, IMF 사태를 겪으며 우리는 뼈저린 학습을 했다.

그렇긴 했는데 어떻게 살 것인지, 무엇이 참삶인지,

그런 삶에 대한 성찰이 한참 부족했던 것 같다.

'다시는 그 꼴 되지 말자.'

챙길 것은 오직 '돈과 가족뿐' 이런 식이 아니었을까?

이제 우리는 누구나 할 것 없이 가지면 가질수록 불안하고,

오르면 오를수록 위태롭고, 배우면 배울수록 더 목마르고,

이기면 이길수록 두려워지는 그런 시대를 살아가야 한다.

왜 그럴까?

그것은 '자기 생존의 토대가 없기 때문' 일 수도 있다.

그럼, 생존의 토대란 무엇인가?

생의 필수인 의식주와 상호간 유대감이다. 자신의 손발과 의지로 이들을 지속적으로 마련할 수 있다는 자신감이 있어야 한다. 그래야 당당하고 인간적 위엄을 지닐 수 있는데 그것이 안 되는 것이다.

자립과 공동체 터전의 상실 때문에 우리는 불안감에 사로잡혀 오직 '돈' 에 매달리는 초라한 존재가 돼버린 것은 아닐까?

지금 안팎으로 비상에다, 경제난국이란다. 이런 위기에는 본질에 충실해야 한다.

필요하면 정직하게 절망할 마음 준비를 하는가 하면, 힘들고 어려울 때일수록 더 어려운 사람들을 위해 나눔에 나서야 한다.

그런 사람들이 있고도 많을 때 '희망의 길' 이 보일 것이다.

그 길을 열어 나서자! 순천의 삶인 것이다.

"자손에게 물려주기 위해 재산을 모은다면

후손들은 그것을 지키지 못할 것이다.

이는 자손을 위해

묵묵히 음덕을 쌓는 건만 못하다." 〈사마광〉

詩想
005

베풂의 삶
아름다운 사람들

98세 록펠러(Rockefeller) 1세의 장수비결

:

33세에 백만장자로, 43세에 미국 제일의 부자로, 53세에 세계 최대 갑부라는 영화를 누렸지만 왠지 건강하지 못했고, 행복하지도 않았다.

깐깐한 짠돌이라서 부자가 될 수 있었을까?

하지만 불행히도 그는 55세에 불치병으로, 1년 이상 살지 못한다는 운명을 선고받기에 이른다. 하늘이 무너져 내렸고, 좀 더 살고 싶었다.

그런 어느 날, 절망 속에 휠체어에 몸을 맡긴 채 마지막이 될지도 모를 검진을 위해 진찰실로 향했다.

그때 병원 로비에 실린 액자에 눈이 갔다.

"주는 자가 받는 자보다 복이 있다." 그는 휠체어를 멈추게 했다. 그 순간 마음속에 알 수 없는 전율이 일었다.

묘한 기운이 온몸을 감싸 왔다. 눈을 지그시 감고 생각에 잠겼던 그가 마침 정신을 차린 건 진찰실에 거의 다다른 시점에 시끄러운 소리 때문이었다. 입원비 문제로 다투는 소리였던 것이다.

병원 측은 '병원비를 안내면 입원이 안 된다,'

어머니는 '어떻게든 마련할테니 우선 입원시켜 살려 달라' 고 울면서 애원

하고 있었다.

록펠러는 곧 비서를 따로 불렀다. 아무도 모르게 하라고 몇 번이나 당부하면서.

하늘이 도왔을까… 소녀는 기적적으로 살아났다.

그 모습을 남몰래 지켜보던 록펠러는 얼마나 기뻤던지 나중에 자서전에서 회고한다. "살면서 이렇게 행복한 삶이 있는지 몰랐습니다."

그 때부터 그는 '나눔의 삶'을 살기로 결심한다. 그랬더니 신기하게도 그의 병도 사라졌다. 이어 록펠러 자선재단을 설립, 나눔에 앞장섰다.

그는 여생 98세로 장수를 누렸다.

"인생 전반기 55년은 쫓기며 살았지만 후반기 43년은 행복하게 살았습니다."

그의 회고록에서의 또 한 구절이다!

자비, 행복으로 가는 길인가?

:

"종교 없이도 행복하게 사는 사람이 있다. 그러나 사랑과 나눔의 마음이 없는 사람이 인생을 행복하게 살아가는 경우는 없다." 〈달라이 라마〉

왜 그럴까?

그것은 이 세상이, 우주가 그렇게 되어 있기 때문이리라.

우주 법칙의 예외인 생물, 그 중에서도 특히 인간,

먹고 먹히는 생존경쟁에서 예외인 것이다.

인간은 특별한 경우가 아니면 다른 생물의 먹이가 되는 일은 없다.

다만 죽어서 먹이가 되거나 아니면 인위적으로 자연으로 되돌려질 뿐.

사랑이나 자비는 우리가 살아가기 위해 필요하고

때문에 싹트고 자라나는 것이다.

행복한 인생을 보내기 위해 매우 중요한 의미와 가치를 가지고 있는 것이다.

행복하고 평화롭고 우호적으로 살아가기 위해 남에 대한 배려, 사회의 일원

이라는 자각은 필수다. 정신적 요소인 자비심이 가장 중요한 것이다.

'분노나 증오의 감정이 생기면 어떻게 다스리느냐?'

'그럴 때는 분노의 감정을 그냥 내버려 둔다.' Let it be.
내버려 두면 분노의 감정이 오랫동안 마음에 머무르는 일은 없으니까.

날이 갈수록 인심은 팍팍해지고 메말라가고 있다.
부자가 지갑을 열어 가난한 이들을 돕기보다는
간신히 밥 벌어 먹고 사는 사람들이 자기보다 못 사는 이웃을 위해 써달라며
평생 모은 돈을 기부하는 기사를 보면서
우리는 주름진 얼굴에서 인생을 아름답게 살고 있는 우리 시대 부처를 본다.

가난 가난해도 '마음가난' 만큼 서러운 건 없다!
하루하루 훈훈해지는 당신의 마음은 부자다!
그런 마음이 아름다운 당신을 만든다.

다수의 구원 해탈의 경지

:

세상에 예외 없는 법칙은 없는 법!
쾌감의 세계에도 당연히 예외가 있다.
어떤 특정한 상황에 이르면 몰핀 같은 뇌내 호르몬(β- endorphin)이
억제제의 통제를 벗어나 계속적으로 분비되는 것이다.

"왜 산을 오르느냐?"는 질문에
"산이 거기 있기 때문"이라는 유명한 말을 남긴 산악인 조비 맬러비마저
제물이 된, 삶과 죽음이 엇갈리는 위대한 인간도전의 무대,
에베레스트(어름궁전).
마침내 그 정상에 선 에드먼드 힐러리 경의 심경,
콜럼부스 일행의 시야에 육지가 잡힌 순간,
천동설을 뒤엎은 지동설을 알아낸 순간의 코페르니쿠스,
떨어지는 사과를 보며 만유인력을 알아낸 뉴턴,
상대성 원리의 섬광을 본 아인슈타인,
아프리카 오지의 슈바이처 박사,

하나같이 경의스럽고 감격스럽고 숭고하고 도전적이며 창조적이다.

베타 엔돌핀이 억제 없이 분비되는 어떤 일, 이것이 바로 조물주의 의지가

담긴 이상향으로써 인류가 지향해야 할 삶의 방향이 아닐까!

승려 이차돈, 김대건 신부의 순교 때 모습이 어떠했을까?

안중근 의사의 가슴에는 살붙이 처자식보다

2천만 동포가 더 크게 자리 잡고 있었을까?

류관순 열사가 살점이 떨어져 나가고 피가 타는 고문에도 굴하지 않고

당당했던 그 순국의 열정과 힘, 무엇이 그 님을 그처럼 강하게 했을까?

소수라도 지극히 가까운 관계인 부모 자식 그리고 사랑하는 사람을 위해

생명도 내 놓을 수 있음을 본다. 또한 절대 다수를 구하기 위해서도

기꺼이 자신을 불사름을 안다. 온 민족 사랑인 것이다!

결국 그 심저에는 해탈, 득도, 그리고 다수의 구원이라는

우주의 원대한 뜻, 그 원천이 있지 않을까?

그것이 알고싶다.

놀이와 웃음,
하늘이 준 복

놀이, 하늘이 내린 선물

:

놀이는 우주가 준 은총~

사람들이 가장 하고 싶어 하는 대상이고 가장 즐거워하는 일.

생명이 있는 모든 동물은 놀이를 한다.

노동이 의지의 산물이라면 놀이는 본능적 작용이다.

놀이는 인간의 육체를 통해 실현된다. 생존을 위한 일, 휴식을 위한 놀이다.

그런데 오늘날 사회적 갈등이 고조되면서

놀이의 필요성이 더욱 요청되고 있다.

살아가면서 맞닥뜨리는 갖가지 스트레스를

어떻게 하면 떨쳐버릴 수 있을까?

그 답이 놀이다.

끊임없이 놀고자 하는 마음이 생기는 것은

바로 그런 스트레스를 해소하기 위해

본능적으로 일어나는 행위라고 보아야 하지 않을까!

인간에게서 놀이를 모두 앗아간다면 생존 자체에 문제가 제기될 것이다.

그렇다면 놀이는 인간이 건강하게 살아가려는 목적을 가지고

행해지는 것으로 봐야 한다. 외부에 나타나거나 느껴지지 않을 뿐,

인류사와 더불어 놀이는 존재해 왔던 것이다.

개별적, 사회적인 놀이가 공존해가면서

개개인에게는 휴식과 안정을 사회에서는 제반 갈등을 해소한다.

놀이는 자발적이고 사람 중심이다.

놀이는 마음을 주고받고

또 자기 느낌대로 표현하고 구성하는 창조적 활동이 아닐까?

놀이는 긴장이나 억압되어 있는 감정을 해소시켜주는 천연의 통로다.

그래서 놀이는 우리의 병든 정서를 치료해줄 수도 있는 것이다.

"놀이는 무목적이거나 무방향적인 활동이 아니다. 놀이는 무언가를 성취하고 안락감을 느끼기 위한 행동의 시도이기 때문에 인간은 그 세계를 혁신하고 변화시켜 나갈 수 있다." 〈오토베링거〉

극한순간의 런닝하이

⋮

올림픽의 꽃, 그 마라톤을 제패한 황영조 선수.

그날의 감격과 함께 어느 인터뷰에서 그가 했던 말이 지금도 기억에 생생하다.

늘 한계에 도전하는 마라톤, 뛰고 또 뛰다 보면 고통이 극에 달해 죽고 싶은 때가 있단다. 그래서 죽겠다고 했는데 사막의 신기루처럼 어느 샌가 황홀경 (Running high)에 빠져들더란다. 고통만 있고 이 런닝하이가 없었더라면 일찍이 마라톤을 포기했을 것이고, 월계관이란 더더구나 꿈도 꾸지 못했을 것이란다.

요즘 철인경기다, 극기훈련이다… 해서 뛰고, 달리고, 오르고, 넘고, 스스로 사서 고생길에 드는 사람들이 많다. 고통이 극에 달하면 희열로 바뀌는가? 결국 극과 극은 서로 통하는가를 묻고 있는 것이다.

30년 전쯤의 일이다.

진주라 1천 리 길을 달려 고향에서 한가위를 보내고 귀경길에 올랐다. 당시 구마고속도로는 2차선으로 요즈음의 국도보다 별로 나을 것이 없었다. 그런데다 비록 아이들이 어리긴 해도 우리 7가족 모두를 수용하기에는 포니 승용차는 너무 작았고, 비좁았다.

앞자리 엄마 무릎 위에 자리한 두 살 박이 막내가 보채는 것에 신경이 가 있는 극히 짧은 순간, 앞을 보니 차는 낭떠러지로 향하고 있었다. 급브레이크를 밟은 것과 동시에 핸들을 꺾었다. 가까스로 죽음의 계곡을 벗어나기는 했으나 차는 운전자의 의도와는 상관없이 통제불능 상태로 치닫고 말았다. 그 짧은 순간에 여러 생각이 머리를 스쳤다. 나는 죽더라도 이 어린 것들은 살려야 한다는 일념이었다.

끝까지 브레이크를 밟고 있었다. 이런 상태로 한참이 흘렀던 것 같다. 처음에는 옆으로 가던 차가 곧이어 뒤로 미끄러짐을 계속했고, 결국 뒷 범퍼가 반대편 차선 안전 철책을 들이받고 겨우 멈춰 섰다.

살았다는 것이 실감나지 않은 채 다들 넋이 빠져 있었다. 그 뒤 한참이 지났는데도 겁에 질려 뒷걸음질치는 어린애들을 다시 차에 태우느라 애를 먹었다.

지금 와서 생각해보면 운전경험 부족에다 당황했던 것 같다.

어쨌거나 한참 시간이 흘러간 지금도 그 순간을 회상할 때면 아찔한 마음이 되어 가슴이 떨려오면서도, 다른 한편으로는 그 짧은 찰나에 그처럼 많은 생각들이 신속하고 뚜렷하게 떠올랐는지 신기하기까지 하다.

그렇다면, 런닝하이만 하더라도 극한상황에 처한 인간에게 조물주가 배려한 하나의 은총이 아닐까?

그도 그럴 것이 끝까지 도망쳐 살아남든지, 다른 생을 위해 먹이가 되든지

하는 막다른 기로에 처했을 때 몰핀 같은 뇌내 호르몬을 분비케 해 어느 경우나 고통에서 벗어나게 한 것으로 풀지 않는 한 이 숙제는 영원히 풀리지 않을 것이기 때문이다. 그런데 생과 사를 넘나드는 극한경지는 마라톤에만 있는 것이 아니고 사업, 예술, 학문연구 등 인간이 도전하는 거의 모든 분야에 망라되어 있는 것 같다.

사력을 다했으나 실패를 거듭, 더 이상 어쩔 수 없어 자살을 감행했는데 극적으로 구조되어 마침내 성공한 사업가, 극에 달한 역경 속에서도 불굴의 의지로 기어코 완성을 본 푸치니의 비창, 학문 연구에 몰두하다 끝내 다 죽게 된 순간 얻어낸 유명한 발견 발명, 많은 사례를 우리들은 듣고 보아오지 않았던가!

런닝하이, 너무나 소중한 경험이 되겠기에 백문보다 일행, 한번 체험해 보기를 권한다. 비록 고통이 따르지만 달리고 달리는 일. 마음만 먹으면 누구나 할 수 있고, 어김없이 그런 경지를 만날 수 있기에 그렇다.

런닝하이, 그 황홀경의 정체는 무엇일까?

생과 사의 접점, 조물주의 은총일 수 있다.

그렇다. 놀이에 푹 빠져 있을때 우리는 온전한 사람이 되는 것이다.

"즐거움을 얻기 위해 자발적으로 행하는 모든 활동이 놀이다.

무거운 나뭇짐을 뒤로 한 채 윷놀이에 한창이다.

아무렇게나의 옷차림, 삶은 힘들지만 그래도 즐거운 한때인 것이다." 〈단원〉

"오로지 놀이만이 우리의 생명을 지켜준다." 〈크리스토프 하인〉

이승만 대통령, 정권 말기에 그는 식물인간이 되다시피 됐다.
그 유창하던 영어까지 잊게 된 상태였는데, 놀랍게도 유년기에 즐겁게 놀았던 일들은 마지막까지 기억하였으며 그것을 띄엄띄엄 우리말로 신나하며 말했다고 한다.

놀이는 스트레스나 억압되어 있는 감정을 해소시켜 주는 천연의 통로.
놀이와 일은 자기실현의 기회가 주어지는 인간의 의식적인 활동이라는 점에서는 같으나, 놀이는 '재미' 또는 '즐거움'을 전제로 하지만 일은 그렇지 않다는 차이점이 있다.
일 또한 '즐거움'을 주기도 하지만 그것이 필수적인 것은 아니며, 놀이와는 달리 강제성을 지니고 때때로 고통을 수반하기도 한다. 반면 놀이는 강제성이 없는 자발적 참여를 특징으로 하고 '보상'을 전제로 하지 않으며 '재미'나 '만족' 그 자체를 목적으로 한다.

아이들에게는 일이 곧 놀이이고 놀이가 곧 일이다. 반면 성인에 있어서 놀이는 피로를 풀며 일상생활이나 일에서 생기는 스트레스를 해소하고 기분을 전환하는 데 중요한 것으로 생활의욕을 높여준다.
원시농경사회에서 일과 놀이가 일치했던 것이다.

웃으면 복이 온다

⋮

웃으며 살자.

웃음은 쾌적한 정신활동에 수반된 감정반응이다.

아이들의 웃음은 언제나 밝고 발랄하다.

성인들은 하루에 15번 정도 웃는데

어린이들은 400회를 넘는다고 한다.

90세인 아브라함과 89세인 사라, 그 사이에 난 아이, 이삭이다.

이삭 = '웃음' , 이름치고는… 감이 오는가?

웃을 일이 없는데도 웃어야 하는가?

그렇다. 억지 춘향으로도 웃어야 한다. 헛웃음이라도 좋다.

한바탕 실컷 웃고 보자. 어떤가?

가슴이 한결 후련해진 것 같다고? 스트레스가 가신 것이다.

돈 안 들어 좋고, 기분이 좋고, 건강에 좋다.

따지고 복고 그럴 일이 아니다. 우주가 내린 아름다운 선물이다.

웃으면 엔돌핀과 엔케팔린이 나온다. 돈으로 따지면 수백만 원어치의 마약에 해당한다. 그것도 중독 문제가 전혀 없는 천혜의 선물인 것이다.

사람들은 나이가 들수록 웃음을 잃어간다. 웃을 일이
　없단다.
　막상 웃으려고 해도 잘 되지 않는다.
　오래도록 쓰지 않아 웃음 근육이 굳어버린 것일까?
　오랫동안 장수를 누리고 있는 지미 카터, 전 미 대통령.
그는 재직시 웃음비서를 두었다고 한다.
우리나라의 왕들도 궁내에 웃음 내시를 두었다는데 왜, 그랬을까?
웃음, 멀리 있는 것이 아니다. 하루 5분 박장대소하면 인생이 바뀐단다.
못할 것도 없다. 까짓것 하! 하! 하!

너 나 우리 다함께 웃으며 살자

:

낙엽만 굴러도 까르르… 했는데
어디에 가 찾을까? 그 아름답고 소중한 것을.
찡그리는 데는 72개나 되는 얼굴근육이 동원되는데
웃는 데는 단 14개면 족하다.
행복해서 웃는다. 그건 누구나 다.
웃기 때문에 행복하다. 남다르다. 멋지다.

아침에 일어나 거울을 보는 순간, 스마일 타임이다.
나만의 스마일 비밀 공간, 찾으면 있다.
샤워장이라도 좋고, 자동차 안이라면 더더욱이다.
남의 눈치 안 보고 마음껏 웃을 수 있다.
웃고만 살기에도 인생은 짧다.

"그대의 마음을 웃음과 기쁨으로 감싸라. 그러면
천 개의 해로움을 막아주고 생명을 연장시켜줄 것이다." 〈셰익스피어〉

웃음 웃는 복, 인간뿐이다.

웃으면 젊어지고, 웃는 집엔 많은 복이 온다.

(一笑一少 笑門萬福來)

즐겁게 웃고 난 사람의 뇌를 조사해보니

놀랍게도 독성을 중화시키고

웬만한 암세포라도 죽일 수 있는 호르몬을

다량 분비시켰다고 한다.

웃음은 전염된다. 그래서 웃음바다가 된다.

웃는 낮에 침 못 뱉는다. 원수가 없는 세상이다.

웃으면 예뻐 보인다. 그래서 웃음꽃일까?

진실하고 선한 사람이 잘 웃는다.

'네가 웃으면 세상도 웃는다.'

봄에는 산들산들 꽃바람과 함께 웃고

여름에는 둥실둥실 하얀 뭉게구름과 함께 웃고

가을에는 붉디붉은 단풍과 함께 웃고

겨울에는 소록소록 함박눈과 함께 웃자.

즐거운 삶, 성공인생이게 하는 창조주의 선물,

웃음이다. 웃고 살자.

우리 모두 다함께 웃으며 살리라.

08

상대성 이론과 21세기
새로운 세계관

詩想
001

천정 천평 천본

・・・

한눈으로 보는 우주법칙

★ 우주법칙 하나 : 천정(天定)

　열역학 제1법칙 → 에너지 불 창조 : 우주의 에너지는 일정하다

★ 우주법칙 둘 : 천평(天平)

　열역학 제2법칙 → 엔트로피 : 우주의 에너지는 안정, 형평으로만 간다

★ 우주법칙 셋 : 천본(天本)

　기본물성 → 상대성이론·양자론 : 기계론적 세계관에서 생태론적 세계

　관으로 가야 한다.

세상은 하나다. 그것도 일정하고 골고루로만 가는 하나다.

그저 그런 소리로 들리는가?

아니다. 엄청난 이야기다.

간단한 몇 마디만 읽고 또 읽고

생각하고 가슴에 새겨야 한다.

옷깃을 여미고 다짐하면서.

왜냐고 물을 것이다.

빙빙 돌 것 없이 바로 간다.

첫째, 우주의 대법칙이기 때문이다.

역천자 망, 순천자 존(逆天者 亡, 順天者 存)

둘째, 나는 행복하고 싶다. 어떻게 살아야 하나?

그 답이 '보일 수도 있겠기에' 다.

다시 한 번 강조한다. "에너지는 창조되지 않는다."

오직 변화만이 가능하다.

그런데 그 변화라는 것도 어김없이 일방통행이다.

"에너지는 골고루 평형으로만 간다." 우주의 뜻을 따라, 그렇게 살리라.

행복해지리라!

인생은 고해, 그리고 원죄

⋮

인생은 고해(苦海)다.

괴로움이 끝이 없는 인간 세상을 이른다. 원죄(Peccatum Originale).

아담과 하와가 선악과를 따먹은 대가로

모든 사람이 태어날 때부터 갖게 되는 죄.

죽은 사람에게도 원죄가 있을까? 모른다.

그런데 분명한 것은 고해는 없다. 왜냐고?

생로병사는 사바세계에만 있는 일이기 때문이다.

생이 있음으로 해서 고해가 생겨나는 것이다. 왜 그럴까?

생에는 현생과 속생(태어남)이 있는데

둘 다 엔트로피 법칙에 어긋나기 때문이다.

살아 있는 모든 생명이, 인간이 고해와 원죄를 벗어날 길은 없다.

운명이다.

또 한 번 왜냐.

그것은 생물은 먹지 않고는 살 수 없기 때문이다.

'먹음' 이 죄요 그 원인이기도 하다.

죄 중에 가장 큰 죄가 무엇인가? 살인이다.

우리는 하루 3끼를 먹는다.

콩나물 생선 불고기 김치… 하나같이 생명체다. 동물 식물 할 것 없이.

살기 위해서는 먹어야 하고 곡기를 끊으면 죽음이다.

먹이로서의 생명체, 살생(?)에서 달리 길이 없다.

원죄이자, 고해에 들지 않을 수 없는 숙명인 것이다.

인간의 관점에서는 그런데 다른 생물에선 어떨까?

고해에서 벗어날 길은 없을까?

없다. 다만 그 정도를 줄일 수는 있다. 생명존중이다.

먹을 만큼만 먹고, 아껴먹고 나눠먹고,

서로 아끼고 사랑하며 더불어 사는 것이다.

보시(布施, dana)는 불가의 덕목으로,

다른 사람에게 조건 없이 주는 자비심을 말한다.

중생구제를 목표로 하는

이타정신의 극치인 것이다.

살아 있는 것은 아름답다. 생명은 소중하다.

축융(縮融)되고 생겨나는 하나의 세상

⋮

어둠 있어 반짝이는 너

허면 반짝임은

어둠을 품고 있음 일세 〈이경희〉

구름이 바다다? 그런가 하면 눈도 바다다?

도리질을 해댈 것이다.

그럼 파도는 바다다. 맞는가?

딱은 아니지만 그래도 앞서 보다는 약간 수긍이 간다.

바닷가, 파도가 밀려오고 밀려간다.

바다에서 파도가 생겨나고, 자지러들어 바다다.

그 파도가 바다와 이어져 있고, 크게 보면 하나다.

파도가 곧 바다인 것이다.

하늘에서 비가 내린다. 산에도 들에도 바다에도.

그런데 바다에 내린 비는 내리자마자 바다다. 눈 또한 그렇다.

그런가 하면 산에, 들에 내린 비는 개울, 강을 따라 흐른다.

그 개울과 강에 내린 비는 곧바로 개울이자 강이다.

그리고 끝내 바다로 흘러든다.

비가 바다인 것이다.

안개, 얼음, 이슬, 옹달샘, 무지개, 빙하 등등

이들이 모두 하나로 연결되어 있다.

이들의 바다에서 생겨나기도 하고, 이들 각각에서도 생긴다.

접히고 녹아들고, 그런가 하면 각각으로 생겨나고, 그리고 또 하나로 된다.

이 무대의 배우는 수소와 산소, 단 두 개의 원자다.

이 둘의 연출무대인 것이다.

그럼, 우주만물의 배우는 몇이나 되는가?

그것은 100여 출연자다. 그들이 전부다.

그 이름 원소다. 수소 탄소 실리콘 금 우라늄 등과 같이.

이들이 쌓이기도 하고 흩어지기도 하면서

삼라만상을 빚어내기도 하고 허물어뜨리기도 한다.

풀잎 하나의 생명과 죽음은 세계 에너지의 전체 변화에 영향을 미친다.

왜냐고?

서로 연결되어 있고, 하나이기 때문이다.

우리 모두는 자연의 무대에서 관객이자 배우인 것이다.

詩想
002

새 시대
새로운 세계관

∙ ∙ ∙

생명은 역 천평인가 순 천평인가

⋮

천평(entropy)은 불변의 우주법칙이다. 변할 수 없다.

아니라면 우주법칙이 아니다.

사막에서는 물 한 방울이 아쉽다.

월남전 참전 용사들의 일화다.

치열한 전투 중에 물이 없어 목이 타고 급기야 입술이 말려 올라간다.

그런 상황에서도 오줌이 나오더란다. 비록 적은 양이긴 하지만.

우리 몸은 애타게 물을 찾고 있는데, 체내에 이미 있던 물은 빠져나가야만

하는 것이다. 왜 이런 현상이 일어날까?

그것은 천평의 흐름이라는 생명현상 때문이다.

생명체는 두 가지 천평을 따른다.

인체를 예로 보자. 탕수계곡 선녀탕의 물을 상기하면서.

첫째는 세포차원의 천평이다.

우리 몸은 약 100조 개의 세포로 되어 있다.

매일 3,300억 개의 세포가 천평한다.

그 많은 수가 우리 몸에서 빠져 나간다는 말이다.

그와 동시에 비슷한 수의 새 세포가 만들어진다. 음식섭취를 통해서다.

살아 있는 동안 이 같은 선 파괴 후 생성,

이름 하여 신진대사란 생명현상, 즉 천평의 흐름은 계속된다.

둘째는 태어나 자라면서 더해진 수만큼의 세포는

유한한 생명 따라 죽음으로 천평한다.

결국 천평의 법칙을 따르고 만다.

예외인 것 같지만 순리가 전제된 그런 제한된 시간 내의 예외인 것이다.

선녀탕 물처럼 빠져나오고 흘러듦의 연속!

생명은 이 같은 흐름을 반복하면서

균형 잡힌 생체시스템을 유지해 나갈 수 있는 것이다.

생명의 신비다. 결국 생명도 우주법칙에 순천하는 것이다.

먹이 피라미드의 정상, 인간

⋮

창조주가 이 세상 만물, 삼라만상을 창제하실 적에
그 핵심은 무엇이었을까?
그것은 생(生)일 수 있다.
그도 그럴 것이 생명 없는 세상 무슨 의미가 있겠는가!
그런데 한 생명이 생을 누리기 위해서는
필수 영양소로 에너지를 필요로 한다.
생물은 먹지 않고는 살 수 없다는 말이다.
그러려면 필연적으로 먹히는 것이 있어야 한다.

이 일을 어쩌면 좋단 말인가?
그 먹이라는 것이 또 하나의 생명인 것을!
먹는 자도 생이고 먹히는 자도 생이다.
그런데 생을 위해 생을 희생해야 하는 그런 기막힌 모순,
조물주도 예견 못한 실수였을까?
아니면 생물인 이상, 먹고 먹히는 관계는

어쩔 수 없는 것으로 인정했던 것일까?

조물주의 관점에서 보면, 먹는 생, 먹히는 생, 둘 다 소중한 존재일 것이다.

그런데 이런 중대한 일을 생물 자신들에게

스스로 알아서 하도록 맡겨만 두었다가는

먼저 먹히는 생이, 이어 먹는 생 순으로 맞게 되는 공멸은

불을 보듯 뻔했기 때문에 조물주께서는

두 가지 방책을 배려한 것으로 보인다.

우선 먹히는 생 자체의 수를

먹는 자의 그것보다 압도적으로 많이 책정했으며,

이어 인간을 먹이 피라미드 정상에 앉혀 그들로 하여금

모든 생명체 먹이사슬의 균형과 조화를 관장하도록 하는

특별한 대비책을 강구하였을 법하다.

생각이 여기에 미치면,

왜 인간에게 특별한 인간만의 뇌와

자아실현이라는 최상의 욕구를 배려했는지

얼마만큼은 알 것도 같다!

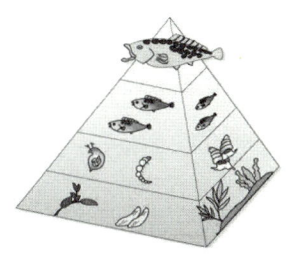

'천평에 알맞게 먹이를 조절하라.' 〈우주〉

더불어 사는 삶… 세상은 공생이다

:

서로 도우며 사는 삶. 악어와 악어새다.

콩과식물과 뿌리혹박테리아, 개미와 진딧물 등 수많은 사례, 공생이다.

이 지구상의 식물들, 동물들에게 짓밟히고 먹히고 당하고만 사는 그런 억울

한 세계인 것처럼 비쳐진다. 그런데 동물이 사라지면 식물도 사라진다.

미워도 다시 한 번… 같이 살 수밖에 없는 공동운명체인 것이다.

생명체는 신진대사를 통해 생존하고 성장한다.

그 대표적 형태가 분해작용과 합성작용이다.

앞서 작용이 가수분해인 소화이고,

다음이 탄산가스+물+햇빛을 묶어주는 광합성이다.

미토콘드리아와 엽록체, 이들이 그 주역인데

둘 다 한 지붕 두 가족, 숙주와 굴러온 세균의 함께 삶, 공생인 것이다.

우주에는 우리 태양계와 비슷한 조건을 가진 천체가 수도 없이 많다.

그런데도 아직도 생명체의 존재를 찾지 못하고 있다.

현대과학의 한계일까?

그럴 수도 있다. 그런데 그곳에서도 미생물은 있었는데
우리 지구와는 달리 공생의 기적이 일어나지 않아
고등생물, 인간과 같은 지적 생명이 태어나지 않은 것은 아닌지
엉뚱한(?) 생각이 든다.

여하튼 오늘날 이 지구상의 기적, 고등생물의 출현, 그것은 공생의 기적이다.
그 기적에 바탕 해 살고 있는 우리들 인간. 근본에 충실해야 할 당위다.
사람은 사회적 동물이라 했다. 서로 의지하고 더불어 살아가는 공생관계다.
미토콘드리아가 빠진 우리 세포, 더 이상 생명이 아니다. 죽음이다.
엽록체가 없는 식물 세포, 온 세상의 먹을거리가 사라진다는 이야기다.
식물 없는 세상, 동물 없는 세상, 공멸이다. 그러기에 공존이고 공생이다.
돕고 도움 받으며, 나누고 베풀며 살도록
세상이 우주가 우리의 근본이 그렇게 되어 있다.
조물주의 길 따라 그렇게 살리라!

아름다운 세상 아름다운 삶

⋮

왜 우리는 아름다움에 끌리는 것일까?

주변의 아름다움은 단지 우리의 눈만 즐겁게 하는 것일까?

아니다. 마음에도 어떤 효과를 불러온다.

밤하늘에 반짝이는 별들, 아름다운 선율~

그리고 소낙비 형제가 차례로 지나간 뒤

보란 듯 고운자태를 뽐내고 있는 쌍무지개…

아름다움은 우리를 환희에 젖게 해 준다.

뿐인가! 삶이 보다 더 아름다울 수 있다고 속삭여주고 있지 않는가!

예쁜 사람은 돋보인다. 눈길을 끈다.

그런가 하면 주위의 관심이나 사랑을 받다보면 왠지 자신이 상당히 더 예뻐진 것 같은 느낌이 든다. 그래서일까? 실제로 아름다워진다.

예쁘니까 사랑 받는 것일까? 사랑하니까 예뻐 보이는 것일까?

같은 거울, 동일 얼굴인데도 때에 따라 기분 따라 추하게도, 아름답게도 보이는 것이다. 아름다움은, 보고 느끼는 마음 속에 있는 것인가 보다.

아름다움을 어떻게 찾을 것인가? 알길이 없다.

그러나 보고 듣고 느끼는 것은 배울 수 있다.

"난 아무렇게나 할래." 밉게 보여도 상관없단다. 될 대로 되라지다.

의지도, 노력도 없는 무기력의 대명사다.

"난 예쁘게 꾸밀래." 자기 사랑, 능동적으로 노력하며 살려는 태도다.

우리가 아름다움을 추구하고 창조하는 것은 이 세상에 존재하는 방식이고

행동이기 때문일 터이다.

아름다움은 우리에게 희망을 불러일으킨다.

돕고 도움 받고, 일하고 창조하며, 사랑하고 사랑받으면서 …

주어진 삶 속에서 기쁘고 보람 있는 무엇인가를 찾아내려는

그런 생의 욕구를 주는 것이다.

아름다움은 우리에게 행복감을 안겨준다.

이런 행복감은 멈춰있지 않고 흘러 순환한다.

너 나 우리에서, 우리 나 너에게로, 온 세상으로!

자연의 아름다운 예술작품을 두고 조상이 느꼈던 것을

오늘의 우리가 꼭 같이 느끼고 있는 것은 아닐까?

여기에 이르면 옛과 지금, 이곳저곳이 하나로 이어지게 된다.

온 세상이 하나인 것이다.

양자론 – 상대성이론과 21세기 세계관

:

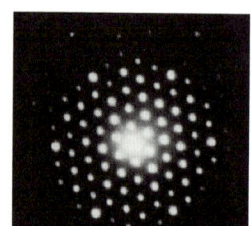 오늘날의 세계관은
베이컨(Francis Bacon), 데카르트(Descartes),
뉴턴(Issac Newton)에 의하여 형성된
기계론적 세계관.
그런데 이와 같은 세계관에 익숙해 있는
현대사회가 편리하고 풍요로운 물질문명을
지나치게 추구한 나머지 생명행성을 심각한 위기로 몰아넣고 있다.

그래서일까, 요즘 세상은 갈수록 불안정과 혼돈의 와중으로 빠져들고 있다.
어떤 일도 제대로 되어가는 게 없고
여기저기서 끝없는 수선과 짜깁기의 연속이다.
위기를 넘겼다고 생각하는 순간, 또 다른 사건이 터진다.
그리하여 어디를 가나 문제투성이고 논의만 무성할 뿐…
구체적인 해결방법이 없는 그야말로 어쩔 수 없는 상태에 빠져들고 있다.

우주는 생동하는 시스템으로 전체와 부분이 상호작용하고 협력하여 스스로 조직을 유지·발전시키는 존재다.

현대과학이 밝힌 양자론―상대성이론이 놀랍게도 새로운 유기적인 세계관과 잘 맞아 떨어진다.

실상이 이러한데도 이의 실행은 말처럼 간단치도 않고, 쉬운 일은 더욱 아니다. 많은 시간이 걸릴지도 모른다.

천동세계관에서 지동세계관으로 넘어오는 일도 당시에는 거의 불가능으로 여겨졌던 과제다. 그도 그럴 것이 지금도 해와 달 하늘이 돌지 산과 들, 바다와 땅이 돈다니 믿을 수 없다는 사람이 많은 것이 사실이다.

나 자신도 때로는 헤매곤 한다. 지금도.

이제까지 경험 세계에 깊이 익숙해진 인류가 극저의 양자 세계, 극대의 상대성이론 세계, 보이지도, 만질 수도 없는 세계가 담고 있는 진실, 그것이 아무리 사실이라고 해도 믿기지 않는 것이다. 새 세계관을 받아들이기가 어려운 실상이다.

그래도 지구는 돌고, 울어도 시집은 가야 한다.

하나의 생명체를 보자.

우리의 몸을 이루고 있는 각각의 신체기관들에서 알 수 있듯이, 몸의 한 부분이 손상되면 다른 부분에 영향을 미치고, 때로는 그 손상된 부분을 스스로 복구하기도 한다.

하나의 생명체를 이루는 부분들은 거미줄처럼 서로 연결되어 상호작용하고 의존, 협력하는 것이다.

이렇게 볼 때 기계의 한 부품과는 달리, 우리의 자연은 그 한 부분이 손상되면 당해 부분은 말할 것도 없고 자연 전체에 손상을 가져오게 된다.

생태, 생명의 위기와 관련된 문제는 인간과 자연을 포함한 지구라는 유기체에 대한 전체적인 시각을 필요로 하며, 기계론적 세계관의 한계를 극복하는 대안, 그것은 '유기적 세계관' 인 것이다.

새 세기에 들어 현대문명이 하나의 냉철한 진리를 받아들이도록 요청 받고 있다. 그 진리란 '엔트로피는 계속 증가하고 있다' 로 표현되는 우주법칙이다.

지구적인 문제의 해결방안, 그것은 엔트로피 법칙에 따른 새로운 세계관(New world view) 정립, 유기적 세계관 바로 그것이다.

새 세계관은 선택이 아닌 필수다.

어떠한 어려움이 있더라도 반드시 이 산을 넘어

새로운 세계를 열어 나가야 한다.

왜냐고?

'지구를 살리고 나를 살릴 길' 이기 때문이다!

우주에서 온 편지

—수신: 인간

⋮

인간, 유별나기도, 대단하기도 하다.
태어난 배경을, 우주를 알려고 안간힘을 쓰고 있고
상당한 수준에 다다르고 있다.
침팬지와 98% 같은 유전자를 가진 인류
생명행성 지구의 피부병균인가
천상천하 유아독존, 만물의 영장인가?

인간은 분명 희귀종이다.
그러나 상황에 따라, 하기에 따라
멸종위기를 맞을 수도 있음을 깨달아야 한다.
우리는 살아남아야 한다.
그것도 사는 의미를 찾아 살고
우주의 법칙 따라 잘 살고 행복해야 한다.
요즈음 어린이들을 보면서 미소를 머금곤 한다.

먼저 구김살이 없다. 표정도 밝고 건강하다.

재미있는 것은 두뇌, 그리고 생김새다.

넉넉한 집 아이라고 다 좋고 잘 생기고

그렇지 못한 아이라고 덜하고 못 생기지 않다.

왜 그런지 생각 좀 해 보았는가?

단순한 것이 아름다운 것일까?

우주나라 천지만물은 100여 개 원소로 되어 있다.

그것도 더 알고 보면 양성자 전자 각 1개씩인 수소다.

수소 둘이면 헬륨(helium), 여덟이면 산소, 92면 우라늄이다.

물질이 에너지고 에너지가 물질이다($E=mc^2$).

시공간, 시간이 공간이고 공간이 시간이다.

오늘날 세상이 많이 신속 편리 편안해졌는데도

왠지 모르게 사람들은 삶이 더 바쁘고 힘들단다.

우주세계에 독점은 없다.

다양성을 갖는 거대한 공생 네트워크(Network)이다.

여기에 이르면 절로

인간이 가야 할 길이 우주관이 보인다.

생명은 모두 다 소중하고 아름답다.

스스로를, 서로를, 모두를 위한

진실 솔직, 역지사지 배려, 더불어 삶 사랑이다.

상대성이론에 따르면

시간이 줄어드는 것도, 공간이 줄어드는 것도

피장파장이다.

극과 극은 통한다.

우주와 양자세계는 상대적이고 불확정하며 확률로만 말해준다.

우주도, 생명도 나선이다.

원자는 맴돌이고 빈손으로 왔다 빈손으로 간다.

제행무상, 세상에 영원이란 없다.

사람들은 받기를 기다리다 죽어간다.

우주 이치대로 먼저 주었더라면 분명 받았을 것을.

그런데도 가진 자 동네에 들면 눌리는 기분이고

못 가진 풀뿌리들 앞에 서면 괜히 목에 힘들어 간다.

남 몰래 조그마한 선행을 베풀었는데

이때 따라 자신의 기분이 좋아지는 것은 왜일까?

진리보다 아름다운 것은 없다.

평안은 창의가 솟아나는 원천이다.

평안은 행복감을 안겨준다.

평안은 균형(Equilibrium), 안정(Stability)된 상태에 온다.

한발 또 한발 균형에 다가서는 가치, 진리다.

행복과 진리는 같은 말일까?

균형의 가치관을 갖게 되면 사람은 행복해진다.

대장정을 끝내고

이제 마무리를 해야 할 시간이 왔다.

호랑이를 그리려고 먹을 갈았는데, 야웅~ 소리만 들릴 뿐,

아직도 조물주의 대양은 까마득하기만 하다.

"세상 사람들은 나를 어떻게 보는지 나로서는 알 수 없다.

그렇지만 나 스스로를 돌이켜본다면,

진리의 대양은 발견되지도 않은 채 내 앞에 펼쳐져 있는데,

해변에서 놀면서 간혹 좀 더 고운 조약돌이나 예쁜 조개껍질들을 줍느라

정신이 팔린 어린 소년과 같았다고 생각된다." 〈뉴턴〉

대학자가 이럴진대, 엉성이로서야 그럴 수밖에 없지 않겠는가.

그러면서도 우주를 구성하고 있는 원소의 구성비와 인체 원소 구성비가 닮

았고,

물질이 에너지가 되고, 에너지가 곧 물질($E=mc^2$)이며,

별들도 죽어 사라지고 다시 아기별이 태어난다.

나(我)도 태어나 살다 후손을 두어 생을 이어지게 하고 우주로 되돌아갈 것

이다.

생명이 없는 지구, 그리고 우주, 과연 무슨 의미가 있을까?

생명의 힘은 어찌하여 그토록 강할까?

그렇다!

천지만물을 창조한 조물주의 의지의 핵은 생일 수 있다.

그것도 현생이요, 또한 속생이다.

한 생이 생을 살고 또 이어가기 위해 먹어야 하고 먹혀야 하는데,

결과적으로 생을 위해 또 한 생을 죽여야 하는 그런 기막힌 숙명, 이 모순을

어쩌면 좋단 말인가?

그렇기 때문일까?

먹이 피라미드 맨 꼭대기에 인간을 올려놓았다.

파충류뇌 동물뇌에 더해 인간만의 뇌를 주었고, 득도-해탈의 경지에 들어

세상을 이끌어 가도록 '자아실현' 이란 욕구까지 부여했다.

이 때에 한해 최상의 엔돌핀까지 배려한 것이다.

'우주의 에너지는 일정하다. 엔트로피로 간다.'

이 자연법칙을 달리 말하면 '세상에 공짜는 없다.' 로 된다.

'골고루가 될 때까지 많은 데서 적은 쪽만으로의 흐름' 이다.

'덜 쓰고, 먹을 만큼만 먹고, 나눠 쓰고, 베풀고'

'희생을 최소로 하고 다수를 구원하라.'

우주의 의지이자 법칙인 것이다.

그렇게 돼야 앞뒤가 맞고, 캄캄하던 눈앞이 확 트인다.

'실제 세계를 앞뒤가 맞게 설명하는 것이 과학이다' 했거늘.

우리는 화가다. 자기 인생을 스스로 그려 나간다.

행복은 삶의 가치를 깨닫는 것에서 시작된다.

삶의 가치는 우주의 아름다움을 깨닫는 데서 오는 것이 아닐까?

우주는 아름다움을 설계해 놓았다.

큰 숨을 내쉴 때가 된 것 같다.

우주의 뜻을, 아름다움을 늘 가슴에 두어, 배우고 생각하고 창조하며 학문을 하고, 문화를 창달하고, 사업을 하고, 일하고, 놀이하고, 그런 삶을 살아야 하리라.

결국 다수의 구원이요, 행복이요, 사랑인 것이다.

이 길이 대우주가 소우주 인간에게 바라는 길이요,

나의 성공의 길이며, 행복으로의 길이 아닐는지!

끝.